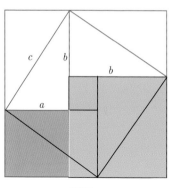

彩图 1

彩图 2

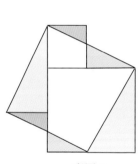

彩图 3

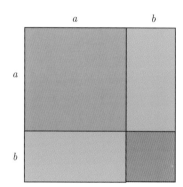

彩图 4

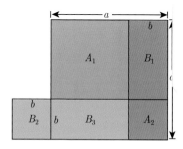

彩图 5

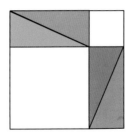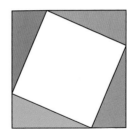

彩图 6

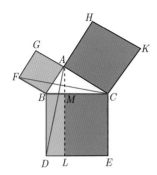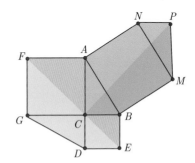

彩图 7

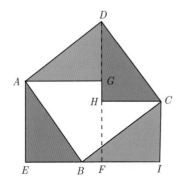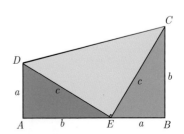

彩图 8

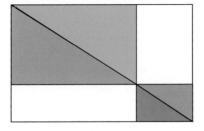

彩图 9

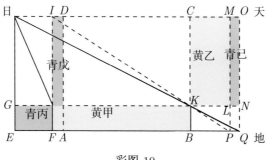

彩图 10

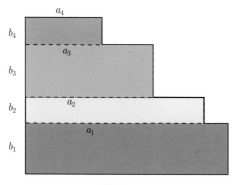

彩图 11

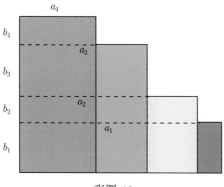

彩图 12

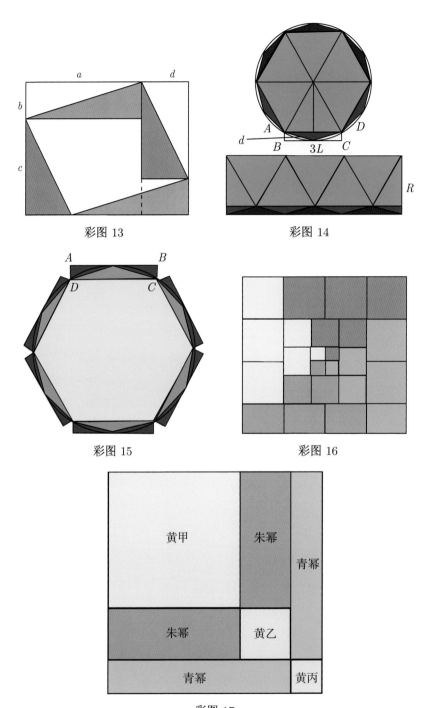

彩图 13

彩图 14

彩图 15

彩图 16

彩图 17

通·识·教·育·丛·书

从中国传统数学算法谈起

Introduction to Chinese
Traditional Mathematical Algorithms

黄建国 ◎ 编著

北京大学出版社
PEKING UNIVERSITY PRESS

内 容 简 介

本书共分八章,主要介绍了勾股定理、中国古代圆周率计算史、杨辉三角形与数列求和、刘-祖原理与求积计算、中国剩余定理和开方术等内容. 不同于一般数学史教材与著作,本书既强调算法的导出与历史回顾,更强调算法思想的深刻剖析,并对重要算法提供了 MATLAB 程序用于实算,将算法的历史性、思想性、可操作性三个维度融为一体,在数学文化的视角下娓娓道来. 另外,本书在几乎每一章都提供了"思考与超越"环节,展示了由中国传统数学算法所自然引申出的现代数学思想与方法.

本书既适合作为大学通识教育的教材,同时对数学方法与应用感兴趣的读者也颇有吸引力.

图书在版编目(CIP)数据

从中国传统数学算法谈起/黄建国编著. —北京: 北京大学出版社,2016.7

(通识教育丛书)

ISBN 978-7-301-27229-9

Ⅰ.①从… Ⅱ.①黄… Ⅲ.①数学史—中国—古代 Ⅳ. ①O112

中国版本图书馆 CIP 数据核字(2016)第 137466 号

书 名:	从中国传统数学算法谈起
	CONG ZHONGGUO CHUANTONG SHUXUE SUANFA TANQI
著作责任者:	黄建国 编著
责 任 编 辑:	潘丽娜
标 准 书 号:	ISBN 978-7-301-27229-9
出 版 发 行:	北京大学出版社
地 址:	北京市海淀区成府路 205 号 100871
网 址:	http://www.pup.cn 新浪官方微博:@北京大学出版社
电 子 信 箱:	zpup@pup.cn
电 话:	邮购部 62752015 发行部 62750672 编辑部 62752021
印 刷 者:	北京大学印刷厂
经 销 者:	新华书店
	787 毫米×1092 毫米 16 开本 10 印张 彩插 2 196 千字
	2016 年 7 月第 1 版 2017 年 10 月第 2 次印刷
定 价:	32.00 元

前　言

　　《从中国传统数学算法谈起》一书即将出版，心里有点释然，也颇有些感想．依稀记得 2010 年 4 月下旬，国家教学名师、南开大学数学科学学院顾沛教授访问上海交通大学数学系，以"数学文化"为题做客数学系"名师讲坛"．顾教授的报告深入浅出、妙趣横生．我记忆最深的一幕是，他指着 2002 年北京国际数学家大会开幕式图片问："这个会标代表什么意思？"然后说明它就是我国古代数学家赵爽证明勾股定理的弦图，并给出基于出入相补原理证明勾股定理的思路，非常引人入胜！2010 年 7 月下旬，我在由四川大学主办的、国家自然科学基金委资助的西南高校青年教师暑期班上作科普报告《从 π 的计算谈科学计算》，把他的这段内容放入报告中，说明出入相补原理之来源，并用之于"割圆术"中刘徽不等式的证明．报告效果非常好，反响强烈，学员纷纷向我索要报告文档．从成都回来后，我深感有必要开设一门讲解"中国传统文化中的数学算法"的通识教育课程，通过剖析这些看似简单的算法，让学生体会到古人"看似寻常最奇崛，成如容易却艰辛"的意境．

　　为此，我系统研读了中国数学史和世界数学史方面的专著及相关论文，最终确定了该课程的教学大纲和教学内容，并形成了本书讲义形式的初稿．其中，著名数学家华罗庚、吴文俊以及中国科学院院士林群在中国传统数学方面的研究成果对我写作此书影响至深．

　　一般来说，大家对中国古代在文学、艺术上取得的伟大成就都是比较了解的，唐诗宋词谁不能背诵几首呢？而对中国古代数学的重要成果可能了解的就不多了，耳熟能详的故事恐怕就是祖冲之关于圆周率的高精度计算．其实，中国传统文化中的数学思想与方法是非常了不起的，《九章算术》、刘徽的"割圆术"、何承天的"调日术"、祖冲之对圆周率的高精度计算、中国剩余定理等成果交相辉映、思想深邃．

　　按照我国著名数学家吴文俊的观点，贯串在整个数学发展历史过程中有两个中心思想，一是公理化思想，一是机械化思想．公理化思想起源于古希腊，而机械化思想（算法的思想）则贯穿于整个中国传统数学．然而，由于公理化思想在现代数学，尤其是纯粹数学中占据绝对统治地位，这样一来，即使在我国的中高等数学教育中都很少系统提及中国传统数学思想，实属遗憾．因此，在中国大力弘扬中华文化的今天，很有必要培养学生探寻以算法为核心的中国传统数学，感悟先人为人类文明作出的独特贡献，进而提高他们独辟蹊径、开拓创新的能力．

　　本书共分为八章，在第一章中首先介绍中国传统文化中数学算法的核心思想和代表性论著，然后在第二至第七章中依次介绍勾股定理的探源、证明与应用，中国古代圆周率计算史, 杨辉三角形与数列求和, 刘–祖原理与面积和体积的计算, 中国剩余定理 (大衍求一术) 和开方术等内容, 最后简单介绍 MATLAB 的编程技巧和使用方法. 本书不同于一般数学史教材与著作, 既强调算法的给出与历史回顾, 更强调对算法思想的深刻剖析, 并对重要算法提供了 MATLAB 程序用于实算, 将算法的历史性、思想性、可操作性三个维度融为一体, 在数学文化的视角下娓娓道来. 另外, 在几乎每一章都提供了思考与超越环节, 展示了由中国传统数学算法所自然引申出的现代数学思想与方法, 发端于怀古之悠思, 终止于批判与创新. 比如, 在给出刘–祖原理和求积计算后, 以非常自然的方式简要介绍了微积分及应用.

在使用本书作为教材时, 作者根据教学经验给出一些建议供参考. 如果希望通过学习本书掌握中国传统数学算法的史要与文化, 强调算法赏析, 可弱化 MATLAB 知识点的讲解. 如果授课对象主要为有理工科背景的学生, 还希望在算法的思维与训练方面有要求, 则可花一定学时辅导学生进行 MATLAB 编程并做大作业, 以强化算法的实践效果, 这样会对算法的创造性有更深刻的了解. 对于本书的思考与超越模块, 可根据学生的知识结构和学时数进行有选择性的讲解. 总之, 本书的模块化结构清晰, 各章节之间的独立性相对较强, 因此教师在使用本书教学时可有很大的灵活性.

还应该指出的是, 本书的出版获得多方帮助. 作者首先感谢上海交通大学教务处将"中国传统文化中的数学算法"纳入学校通识教育课程并对相应教材的出版予以资助. 本书的撰写与审稿阶段, 先后得到作者的博士研究生陈浦胤、盛华山、杜彬彬和林森的大力帮助, 在此深表谢意. 同时要感谢国家自然科学基金对本书出版的部分资助 (国家自然科学基金面上项目, 基金号: 11171219). 还要衷心感谢本书的责任编辑潘丽娜女士, 她仔细审阅了原稿, 提出了许多宝贵的修改意见, 为本书的出版付出了辛勤的劳动.

最后, 谨以此书奉献给我的妻子谢国娥和女儿黄雨静, 感谢她们长期以来对我教学科研工作的理解与支持, 对我生活方面的照顾与帮助.

限于作者的水平, 书中的不当乃至错误之处在所难免, 恳请读者批评指正.

黄建国谨志

2016 年 5 月于上海

目　　录

第1章

综　　述

1.1　算法构造是中国传统文化中数学方法的核心思想

中国传统文化中的数学思想与方法, 是中华灿烂文化的重要组成部分, 是人类文明史中的瑰宝 [1–11]. 《九章算术》、刘徽的 "割圆术"、何承天的 "调日术"、祖冲之对圆周率 π 的高精度计算、中国剩余定理等成果交相辉映, 是其中的杰出代表. 按中国著名数学家吴文俊先生的观点 [3], 贯串在整个数学发展历史过程中有两个中心思想: 一是公理化思想, 另一是机械化思想. 公理化思想源于古希腊 [12, 13], 欧几里得的《几何原本》[12] 是这方面历史上的代表著作, 也是公理化思想的滥觞. 而机械化思想 (算法的思想) 则贯穿于整个中国传统数学, 以《九章算术》[5] 为代表著作, 一直影响着中国传统数学的发展. 由于近现代中国数学发展的停滞与落后, 现代数学主要由西方学者完成, 公理化思想在现代数学, 尤其是纯粹数学中占据着统治地位. 这个历史现状带来的一个直接后果是, 在我国的中高等数学教育中, 很少提及中国传统数学思想, 介绍的也只是零星的碎片. 只有数学大师华罗庚、吴文俊等人, 洞悉到中国传统数学的深刻思想, 不遗余力地加以宣传 [1, 2], 并用之于科学研究中 [3, 4]. 吴文俊先生曾经说过, 他的数学机械化理论与方法就是根植于中国古代数学思想并经长年探索而产生的.

古人云:"以古为镜, 可以知兴替", 而法国著名数学家庞加莱也说过:"如果我们希望预知数学的未来, 最合适的途径就是钻研这门科学的历史和现状." 因此, 在计算机科学飞速发展的今天, 我们很有必要探寻以算法为核心的中国传统数学, 感悟先人为人类文明作出的独特贡献, 进而提高自己独辟蹊径、开拓创新的能力.

1.2　中国传统数学中的代表性著作

1.2.1　代表性著作

从公元前 20 世纪到 14 世纪, 中国在数学领域取得丰硕成果, 典籍无数, 其中具有代表性的有 11 部, 分别为《周髀算经》《九章算术》《孙子算经》《张丘建算经》《海岛算经》《五曹算经》《五经算术》《缉古算经》《数术记遗》《夏侯阳算经》和《数书九章》. 考虑到《九章算术》在中国传统数学发展史上的特别重要性, 我们将在下节详加阐述, 其余 10 部著作在此作一简单介绍.

●《周髀算经》

《周髀算经》("髀", 音: bì), 简称《周髀》, 是中国古代的一部天文学著作,

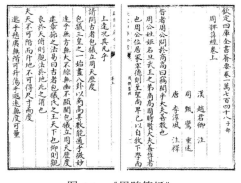

图 1.1 《周髀算经》

也是中国古代数学文献中流传到现在的最古老的典籍之一, 在中国唐代收入《算经十书》, 并为《十经》的第一部. 据考证, 现传本《周髀算经》大约成书于西汉时期 (公元前 1 世纪). "周" 是朝代名. "髀" 原意是大腿或大腿骨, 在这里意指称为 "表" 的一种天文测量工具, 该工具长八尺, 用于测量日光影长, 类似带有刻度的标杆.

尽管此书具有天文学特点, 但它却包含了古代几何的重要内容, 对几何的进一步发展起了极其重要的作用.《周髀》上记载了周公与商高的谈话, 其中就有勾股定理的最早文字记录, 即 "勾三股四弦五", 故该定理亦被称为商高定理. 进一步, 该书在介绍测量太阳高远的方法中给出了勾股定理的一般公式.《周髀》中出现运用重差术绘出的日高图, 但没有详细推导过程, 三国时, 赵爽、刘徽作进一步研究, 使之成为中国古代测望理论的核心内容.

●《海岛算经》

《海岛算经》是中国古代伟大数学家刘徽的著作. 这是一本测量学著作, 原为《刘徽九章算术注》第九卷勾股章内容的延续和发展, 名为《九章重差图》, 附于《刘徽九章算术注》之后作为第十卷. 唐代将《重差》从《九章》分离出来, 单独成书, 按第一题 "今有望海岛" 取名为《海岛算经》, 是《算经十书》之一. 吴文俊称刘徽的《海岛算经》使 "中国测量学达到登峰造极的地步", 美国数学家弗兰克·斯委特兹认为《海岛算经》使 "中国在数学测量学的成就, 超越西方约一千年".

重差理论起源于《周髀算经》的《日高图》, 刘徽在《九章算术·序》中, 进一步发展了重差术.《海岛算经》共九问, 都是用表尺重复从不同位置测望, 取测量所得的差数进行计算, 从而求得山高或谷深, 这就是刘徽的重差理论.

●《孙子算经》

《孙子算经》大约是中国南北朝时期的数学著作, 是《算经十书》之一.《孙子

算经》的作者并非《孙子兵法》的作者孙武, 其作者生平和确切的成书年代都不详. 学者根据书中事物出现的时间, 估计《孙子算经》成书于南北朝. 全书共分三卷, 上卷详细讨论了度量衡的单位和筹算的运算法则 (一种计算方法). 筹算在春秋战国时代已经运用, 但在古代数学著作, 如《算数书》《九章算术》等书中都不曾记载算筹的使用方法.《孙子算经》第一次系统地记述了筹算的运算规则, 并使用空位表示零. 中卷的内容主要是关于分数的应用题, 包括面积、体积、等比数列等计算题, 大致都在《九章算术》所论述的范围之内. 下卷收集了一些算术难题, 对后世的影响最为深远, 如下卷第 31 题即著名的 "鸡兔同笼" 问题.

● 《张丘建算经》

《张丘建算经》是中国古代汉族的数学著作. 此书分三卷, 现存 92 题, 内容多取材自《九章算术》, 再加以扩充而成. 每个问题大致按《九章算术》的格式, 多以 "今有……" 开首, 以 "问……若干" 结尾. 随即是答案 "答曰: ……", 接着是甄鸾加注的解释计算程序的 "术曰: ……", 有些术后带有小字 "臣淳风等谨按", 是李淳风所加的注解. 随后是比 "术曰" 更详细的刘孝孙细草.

全书内容可分为几大类: 分数的四则运算、开平方与开立方、正比例、反比例、等比级数、等差级数、线性方程、不定方程.

《张丘建算经》的主要贡献有三: 提出求最小公倍数的算法; 提出计算等差级数的公式; "百鸡问题" 首创不定方程的研究, 对后世影响深远.

● 《五曹算经》

《五曹算经》是北周甄鸾编撰的算术书, 是《算经十书》之一. 此书是为五类官员编写的应用算术书, 全书五卷, 分别为: 田曹、兵曹、集曹、仓曹、金曹, 共收 67 个问题.

"田曹" 卷内容为田地面积的计算; "兵曹" 卷讨论征兵、军粮、布阵等方面的简单四则运算题; "集曹" 卷内容为粮食换算的算术题; "仓曹" 卷讨论仓库的计算问题; "金曹" 卷涉及货币转换的计算问题.

● 《五经算术》

《五经算术》为北周甄鸾所作, 是《算经十书》之一.《五经算术》全书共两卷, 搜集了《周易》《诗经》《尚书》《周礼》《仪礼》《礼记》《论语》《左传》《汉书》等典籍中所涉及的数学问题, 并进行解释或解答.

● 《缉古算经》

《缉古算经》, 原名《缉古算术》, 初唐数学家王孝通所著. 后被列入《算经十书》, 改名为《缉古算经》.

《缉古算经》全书共 20 个问题, 书首为 "上《缉古算术》表". 各问题的形式大致相同, 分为问、答、术三个部分. 每问以 "假令" 开头, 以 "问: ……各几何?" 或 "问: ……个多少?" 结尾. 随后是答案: "答曰……". 最后一段是 "术曰", 详细叙述建立方程的理论依据和具体程序. 每题都有答案, 但关于解题方法, 作者则言简意赅.

《缉古算经》一书在中国数学史上有重要影响, 作者在书中将几何问题代数化, 并首次系统地创立三次多项式方程, 对代数学的发展有重要意义.

● 《数术记遗》

《数术记遗》一卷, 东汉徐岳撰, 北周甄鸾注. 唐朝将其列为明算科考试必读课本, 得以传世. 《数术记遗》的内容有大数记法、古算器、面积测量、不定分析等.

● 《夏侯阳算经》

《夏侯阳算经》是算经十书之一. 唐代夏侯阳原书北宋时已失传. 北宋元丰九年 (1084 年) 所刻《夏侯阳算经》是唐中叶的一部伪书, 韩延撰的《算书》, 因卷首《明乘除法》章有 "夏侯阳曰" 而被误认为《夏侯阳算经》. 钱宝琮认为, 宋代《夏侯阳算经》引用当时流传的乘除捷法, 解答日常生活中的应用问题, 保存了很多数学史料. 特别是第一章《明乘除法》, 保存了真本《夏侯阳算经》的内容.

● 《数书九章》

《数书九章》又名《数学九章》, 共 18 卷, 南宋数学家秦九韶著于淳祐七年 (1247 年). 《数书九章》题材广泛, 取自宋代社会各方面, 包括农业、天文、水利、城市布局、建筑工程、测量、赋税、兵器、军旅等方面, 是一部实用数学大全. 《数书九章》十八卷分为九类, 每类九问, 共九九八十一问, 涉及算术、几何、多项式方程、线性方程组、大衍求一术和天文历法等.

1.2.2 《九章算术》介绍

《九章算术》的具体作者不详, 一般认为它是经历代各家的增补修订而逐渐成为现今定本的. 最后成书最迟应在东汉前期 (公元 1 世纪左右), 现今流传的大多是在三国时期魏元帝景元四年 (263 年) 刘徽为《九章算术》所作的注本. 《九章算术》的今译本及注由中国古代数学史专家郭书春完成 [5].

《九章算术》全书分九卷, 包含 246 道题, 可以视为一本习题集. 题目陈述简洁, 不加注释, 每一题所提条件均为具体数字, 不论一般情形, 各题之间亦无明显数理联系. 每题之后, 有两则极简短的作注者附言, 一是 "答曰", 即给出答案; 二是 "术曰", 即给出算法.

图 1.2 《九章算术》

各章的标题和内容罗列如下:

● 方田

本章共 38 个问题, 讨论各种形状的田地的面积如何计算, 给出了关于分数的系统叙述, 提出约分、通分、分数四则运算的法则和求最大公约数的方法.

方田章是世界上最早对分数进行系统叙述的著作, 对于分数的意义、性质、四则运算论述完备. 提出约分术、合分术 (加法)、减分术 (减法)、乘分术 (乘法)、经分术 (除法)、课分术 (比较大小) 与平分术 (平均数).

● 粟米

本章共 46 个问题, 讨论了各种谷物如何折算交易, 叙述了比例问题.

● 衰分

本章共 20 个问题, 讨论了物价, 并分析了购谷、俸禄及纳税等的分配比例问题.

● 少广

本章共 24 个问题, "少广" 指长方形的短边, 该章讨论有关长度的问题. 主要叙述开平方和开立方的方法. 后来在此基础上逐渐发展出具有重大意义的高次方程解法.

● 商功

本章共 28 个问题, 讨论各种体积计算问题, 还有按季节、劳力、土质等不同来计算巨大工程所需的土方和人工安排的问题.

● 均输

本章共 28 个问题, 讨论如何平均处理劳务费用等问题.

● 盈不足

本章共 20 个问题, 根据两次假设来求解问题. 盈不足术是中国古代一种解算术难题的算法. 一般算术应用题, 都有确切答案. 盈不足术为了推算答案, 预先设立一个数字作为答案, 依题目核算, 若结果合问题, 所设之数就是答案; 若不合问, 非盈即不足; 通过两次假设, 即可利用盈不足术求出答案.

● 方程

本章共 18 个问题, 所论方程, 相当于现在的线性方程组. 本章提出 "直除法". 直除的意思是连续相减, 该解法理论、算法上与现代的加减消元法基本相同. 本章还引入了负数, 给出了正负数的加减运算法则.

● 勾股

本章共 24 个问题, 讨论了关于勾股测量的各种问题, 分四类: 勾股互求、勾股整数、勾股两容、勾股相似. 勾股互求, 即已知勾股的一般线段, 推求其他线段. 勾股整数, 即推求勾、股、弦都是整数的算法. 勾股两容, 即推求勾股形内接正方形及内切圆的算法. 勾股相似, 即利用相似勾股形性质, 进行简单测远、测高的算法.

《九章算术》的内容非常丰富, 几乎包括了当时社会生活的各个方面. 《九章算术》总结了自战国至汉以来的中国古代数学成就, 是一本综合性的历史著作, 是当时世界上最简练有效的应用数学. 《九章算术》问世之前的诸多典籍中, 记录了不少数学知识, 但是却没有《九章算术》的系统论述, 尤其是由易到难, 由浅入深, 由简到繁的编排体例, 因此, 它的出现标志中国古代数学形成了完整的体系. 因而后世的中国数学家都是从此开始学习和研究数学的. 唐、宋时, 《九章算术》为国家明令规定的教科书. 北宋时《九章算术》由政府刊刻, 又是世界上最早的印刷本数学书. 《九章算术》在隋、唐时, 流传到了日本和朝鲜, 对其古代的数学发展也产生了很大的影响, 之后更远传到印度、阿拉伯和欧洲, 现已译成日、俄、英、法、德等多种文字版本.

《九章算术》的叙述方式以归纳为主, 先给出若干例题, 再给出解法, 不同于西方以演绎为主的叙述方式. 中国后来的数学著作也都采用和《九章算术》类似的叙述方式.

《九章算术》以计算为中心, 将全部理论用以寻求各种应用问题的普遍解法. 《九章算术》提出的 "术" 就是算法, 算法是依据一定法则和步骤机械地进行的方法, 有了算法就可以在计算机上编制程序. 《九章算术》可以说是世界上最早的一部关于数学机械化的书. 《九章算术》的出现, 标志着中国古代机械化数学体系的逐步形成, 从此中国古代数学走上一条和西方古代数学完全不同的发展道路, 这是一条数学机械化之路.

因此, 《九章算术》对之后中国传统数学的影响是非常深刻的, 正如欧几里得的《几何原本》对西方数学的影响.

1.3 中国传统数学的局限性与复兴之道

尽管中国传统数学曾经在世界上长期居于领先地位, 但它的固有局限性阻碍了中国数学的进一步发展 [8, 9, 14]. 首先, 中国的传统数学主要是以算筹为工具发展起来的. 筹算关心的是算, 而证明处在一个次要的地位. 中国古代数学家在计算上展示了高度的技巧, 凭借当时优良的计算工具发展了独具特色的中国古典数学. 但是在筹算优越性的背后也隐藏着严重的不足, 即难以进行数学所必需的逻辑论证. 在中国传统数学发展的早期, 由于刘徽等著名数学家的不懈努力, 当时的中国传统数学还是建立了自己完整而严谨的理论体系. 但随着问题研究的复杂化, 我们的前辈无法再将具体计算提升到形式化理论. 在这方面, 中国传统数学没有引入一套合适的数学符号也是带来这个缺陷的重要因素. 因此, 虽然中国古代数学有重视联系实际、重视计算的优点, 但由于无法持续开展系统的抽象理论建设, 衰落在所难免.

此外中国传统数学喜欢 "寓理于算", 即使高度发达的宋元数学也是如此. 中国传统数学书是由一系列数学问题组成的, 你也可以称它们为 "习题解集". 数学理论以 "术" 的形式出现. 早期的 "术" 只有一个过程, 后人就纷纷为它们作注, 而这些注释也很简约, 缺乏一套系统而详细的数学理论. 这是一种相对原始的做法, 随着数学的发展这种做法的局限性就越加突出. 具体的计算和抽象的推理是数学的两个不同方面, 后者甚至可判定算法的有效性究竟有多大, 指导算法的进一步改进和拓广. 而这正是中国传统数学所缺乏的.

以上谈的是中国传统数学本身的一些缺陷, 它们对明代以后中国数学的衰落负有责任. 但对中国数学造成最大伤害的不是它们, 而是古代中国社会的风气. 在古代中国, 数学完全是一种实用工具. 搞数学的一般大的在朝廷里当官, 小的在衙门里当差, 工作是计算历法和管账之类的事, 个人研究数学的很少. 另外, 中国古代的数学家们眼光主要聚焦在了天文历法和帐目上, 不接触新的内容使数学失去了活力.

中国对文学、艺术、哲学的关心从来就远远大于对自然科学的关心. 儒家思想是中国的主流, 而数学被看成 "六艺" 之末, 从来被儒家所轻视. 所以在古代中国数学家的地位低下, 作数学研究是得不到支持的. 后来科举制度的出现加深了这一现象, 考试以朱熹注的 "四书" 为主, 不久又发展为完全以 "四书" "五经" 命题, 知识分子为了功名利禄只能埋头研究这些著作, 社会上形成了远离, 甚至鄙视科学的思潮, 使得知识分子无意从事自然科学研究. 这种从上到下对数学的忽视是导致中国古代数学裹足不前的主要原因.

那么如何克服固有局限性, 复兴中国数学呢? 著名数学家吴文俊院士认为, 公理化与机械化 (算法化) 的思想与方法, 都曾对数学的历史发展作出了巨大的贡献, 今后也仍将继续作出巨大的贡献. 为了实现数学的现代化, 我们必须吸收源于西方的公理化方法的长处, 也应珍视我国古代的遗产, 从有着历史渊源的机械化方法中吸取力量. 这两种方法的融合, 或许能为数学的未来发展提供一些新的探索途径.

参考文献

[1] 华罗庚. 数论导引 [M]. 北京: 科学出版社, 1957.

[2] 华罗庚. 从孙子的神奇妙算谈起: 数学大师华罗庚献给中学生的礼物 [M]. 北京: 中国少年儿童出版社, 2006.

[3] 吴文俊. 吴文俊文集 [M]. 济南: 山东教育出版社, 1986.

[4] 吴文俊. 数学机械化 [M]. 北京: 科学出版社, 2003.

[5] 郭书春. 《九章算术》译注 [M]. 上海: 上海古籍出版社, 2009.

[6] 李文林. 数学史概论, 2 版 [M]. 北京: 高等教育出版社, 2002.

[7] 李文林. 数学的进化: 东西方数学史比较研究 [M]. 北京: 科学出版社, 2005.

[8] 郭金彬, 孔国平. 中国传统数学思想史 [M]. 北京: 科学出版社, 2004.

[9] 李继闵. 算法的源流: 东方古典数学的特征 [M]. 北京: 科学出版社, 2007.

[10]   李兆华. 中国数学史基础 [M]. 天津: 天津教育出版社, 2010.

[11]   王树禾. 数学演义 [M]. 北京: 科学出版社, 2004.

[12]   欧几里得. 几何原本 [M]. 兰纪正、朱恩宽, 译. 南京: 译林出版社, 2011.

[13]   克莱因. 古今数学思想: I–VI [M]. 上海: 上海科学技术出版社, 2002-2009.

[14]   郭华光, 张晓磊. 试论中国古代数学衰落的原因及启示 [J]. 数学教育学报, 2001, 10(2): 95-98.

第2章

漫谈勾股定理

2.1 勾股定理发现探源

在勾股定理 (西方称之为毕达哥拉斯定理, the Pythagorean theorem) 的发现和证明过程中, 中国古代数学家功不可没 [1, 2].

中国关于勾股定理的记载最早见于《周髀算经》.《周髀算经》在卷首记述了周公和商高在数学史上极有地位的对话. 周公问商高:"夫天不可阶而升, 地不可得尺寸而度, 请问数安从出?" 意思是说: 天没有阶梯可以攀登, 地没有尺子可以度量, 请问有什么办法可以知道天之高地之广? 商高回答:"勾广三, 股修四, 径隅五." 这里 "勾" 指直角三角形两条直角边中较短者, "股" 是另一条直角边, 而 "径" 则指斜边. 商高意指按勾三股四弦五的比例去算, 那么到底是怎么算的呢? 来看图 2.1.

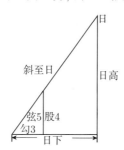

图 2.1 《周髀算经》中计算日高和斜至日的示意图

根据相似三角形关系, 就有:

$$\frac{日高}{股} = \frac{日下}{勾},$$

$$\frac{斜至日}{弦} = \frac{日下}{勾}.$$

如果能知道日下, 就可以计算日高和斜至日. 但关键的日下如何计算, 商高并未说明.

周公的后代陈子把商高的 "勾三股四弦五" 的结论推而广之, 称为下述的 "商高定理": "求斜至日者, 以日下为勾, 以日高为股, 勾股各自乘, 并而开方除之, 得斜至日." 此言被载入《周髀算经》"荣方问于陈子" 一节中, 写成式子就是

$$\text{斜至日} = \sqrt{\text{日下}^2 + \text{日高}^2}.$$

对照勾股定理的现代表述, 即 "直角三角形斜边之长是两直角边平方和的算术平方根", 就能知道 "商高定理" 和 "勾股定理" 是一回事了, 但我们不知道陈子对勾股定理是否作出了证明.

2.2 出入相补原理与赵爽和刘徽的勾股定理证明

《周髀算经》内有勾股定理及 "勾股圆方图"(图 2.2), 但没有给出明确的证明.

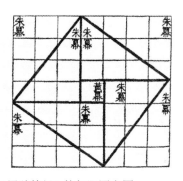

图 2.2 《周髀算经》的勾股圆方图

中国最早证明勾股定理的人可能是公元 3 世纪的东吴人赵爽, 他在《周髀算经注》中有《勾股圆方图说》, 解释并证明了勾股定理. 赵爽, 又名婴, 字君卿, 是三国时期吴国的数学家. 他生卒年不详, 是否生活在三国时代其实也受质疑, 著有《周髀算经注》, 即对《周髀算经》作详细注释. 他使用 "弦图"(见图 2.3, 另见彩图 1), 用几何图形的分、合、移、补的方法, 获得勾股定理

$$a^2 + b^2 = c^2$$

的严格证明.

赵爽的证明利用了这样一个事实: 一个形体分成有限个部分体, 如果再拼成另一个新的形体, 则和原来的形体等积. 这里的积可以指面积, 也可以指体积. 用他的原话来说就是 "形诡而量均, 体殊而数齐", 即形体虽然殊异, 但数量还是相同的.

由于该证明的重要性, 2002 年在中国北京召开的国际数学家大会 (ICM) 的会标 (见图 2.4, 另见彩图 2) 是以弦图为基础设计的.

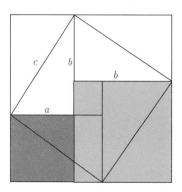 

图 2.3　赵爽的勾股定理证明示意图　　图 2.4　2002 年国际数学家大会会标

同一时代的数学家刘徽, 也沿用这种方法给出 "青朱出入图"(见图 2.5, 另见彩图 3), 将青、朱两块移出, 拼入, 便很简单地证明了勾股定理. 他说: "勾自乘为朱方, 股自乘为青方, 令出入相补, 各从其类, 因就其余不移动也, 合成弦方之幂, 开方除之, 即弦也."

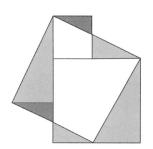

图 2.5　刘徽的勾股定理证明示意图

著名数学家吴文俊院士通过深入研究后, 把以上这些方法用现代语言总结为如下的 "出入相补原理"[3, 4]:

定理 2.2.1(出入相补原理)　一个平面图形从一处移至它处, 面积不变. 又把图形分割成若干块, 那么各部分面积之和等于原来图形的面积, 因而图形移置前后诸面积间的和、差有简单的相等关系. 立体的情况也是如此.

使用出入相补原理, 我们立刻得到初等代数中很有用的完全平方公式:
$$(a+b)^2 = a^2 + 2ab + b^2, \quad (a-b)^2 = a^2 - 2ab + b^2.$$

对于第一个恒等式, 它的证明只要见图 2.6 (另见彩图 4) 就一目了然了. 而对于第二个恒等式, 我们也给出一个直观证明: 见图 2.7 (另见彩图 5), A_1(红色部分) 是

个边长为 $a - b$ 的正方形, 加上 $B_1 + A_2$(蓝色部分) 和 $B_2 + B_3$(绿色部分) 后 (这两块的面积都是 ab), 就是一个边长为 a 的正方形与一个边长为 b 的正方形面积之和, 也就是说,

$$(a - b)^2 + 2ab = a^2 + b^2,$$

即

$$(a - b)^2 = a^2 - 2ab + b^2.$$

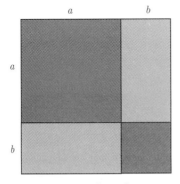

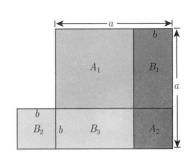

图 2.6　恒等式 $(a + b)^2 = a^2 + 2ab + b^2$ 　　　图 2.7　恒等式 $(a - b)^2 = a^2 - 2ab + b^2$
　　　　　　的证明示意图　　　　　　　　　　　　　　　　　的证明示意图

2.3　勾股定理的其他证明

勾股定理发现以来, 涌现出相当多的证明方法, 堪称是所有数学定理中证明方法最多的. Elisa Scott Loomis(1852–1940) 在 *Pythagorean Proposition* (《毕达哥拉斯命题》) 一书中收集并分类讨论了 367 种证法. 中国清末数学家华蘅芳就提供了二十多种精彩的证法.

以下我们列举几种有趣的证明, 证明使用了出入相补原理, 证明过程以图达意, 不著一字便可理解. (见图 2.8, 2.9, 2.10, 分别另见彩图 6, 7, 8.)

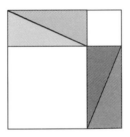
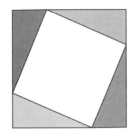

图 2.8　公元前 6 世纪毕达哥拉斯的证明

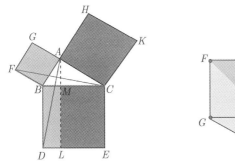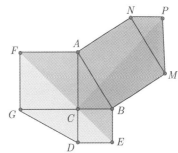

图 2.9　公元前 3 世纪欧几里得的证明 (左图);

公元 16 世纪达芬奇的证明 (右图)

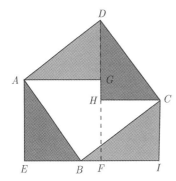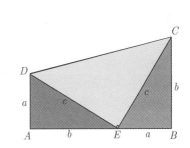

图 2.10　公元 19 世纪珀里盖尔的证明 (左图);

美国第 20 任总统加菲尔德的证明 (右图)

2.4　求三角形面积的秦九韶公式

勾股定理的应用实在很多, 可以推导出许多重要的公式和定理, 例如, 平面两点距离公式、余弦定理, 以及三角恒等式 $\sin^2\alpha + \cos^2\alpha = 1$. 值得一提的是, 如果要证明勾股定理, 可千万不要使用上面提到的三个结果, 否则就是循环论证了.

我们在这里再讲一个勾股定理的应用. 秦九韶在他的著作《数书九章》中提到了一个已知不等边三角形的三边 a, b, c, 求三角形面积的所谓 "三斜求积公式":

$$S = \sqrt{\frac{1}{4}\left[a^2b^2 - \left(\frac{a^2 + b^2 - c^2}{2}\right)^2\right]}.$$

之所以强调不等边, 因为这是计算三角形面积最困难的一种情况, 等边三角形和等腰三角形的面积都可以通过作高求得, 而高的长度可利用勾股定理轻松获取.

秦九韶 (1208 年 –1261 年), 字道古, 南宋著名数学家. 他著作有《数书九章》, 其中的大衍求一术 (一次同余方程组问题的解法, 也就是现在所称的中国剩余定理)

和秦九韶算法 (高次方程正根的数值求法) 是具有世界影响的重要成果. 秦九韶在其著作《数书九章·序》中阐明了自己的学术思想 [5]:

- "仰观俯察，以拟于用". 意思是说，数学应为社会实践服务.
- "数理精微，探隐索源". 意思是说，要注意对数学理论的创新，对数学问题能够深思熟虑，要具有极高的数学修养.《数书九章》共有 81 个算题，各题内容、解法独具特色，题后又附详细演算草图. 在理论探讨上，秦九韶苦思冥想，力图有所创新.
- "立术具草，以图发之". 意思是说，要重视数学的直观阐述，多使用数学模型和浅显事例引出数学问题，必要时还需绘图说明. 在《数书九章》中，秦九韶能多次塑造各种模型或以浅显事例引出数学问题，然后立出法则，从详计算，必要时还针对性地绘制了图样解释原理.

虽然秦九韶在《数书九章》中没有写出三斜求积公式的推导过程，但其证明不难使用勾股定理获得. 参见图 2.11，显然

$$S = \frac{1}{2}ah.$$

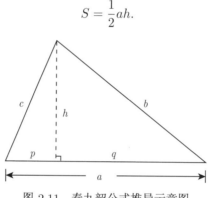

图 2.11　秦九韶公式推导示意图

于是关键是要获得高 h 关于三角形边长 a, b, c 的表达式. 事实上，根据勾股定理有

$$h^2 = c^2 - p^2 = b^2 - q^2.$$

注意到关系式 $p + q = a$ 和 $c^2 - p^2 = b^2 - q^2$，可知

$$c^2 - (a - q)^2 = b^2 - q^2.$$

解得

$$q = \frac{a^2 + b^2 - c^2}{2a}.$$

因此，

$$S = \frac{1}{2}ah = \frac{1}{2}a\sqrt{b^2 - q^2}$$

$$= \frac{1}{2}a\sqrt{b^2 - \left(\frac{a^2+b^2-c^2}{2a}\right)^2}$$

$$= \sqrt{\frac{1}{4}\left[a^2b^2 - \left(\frac{a^2+b^2-c^2}{2}\right)^2\right]}.$$

对此公式适当变形, 有

$$S = \sqrt{\frac{1}{4}\left[a^2b^2 - \left(\frac{a^2+b^2-c^2}{2}\right)^2\right]}$$

$$= \sqrt{\frac{4a^2b^2 - (a^2+b^2-c^2)^2}{16}}$$

$$= \sqrt{\frac{(2ab+a^2+b^2-c^2)(2ab-a^2-b^2+c^2)}{16}}$$

$$= \sqrt{\frac{c-a+b}{2}\cdot\frac{c+a-b}{2}\cdot\frac{a+b-c}{2}\cdot\frac{a+b+c}{2}}.$$

如果记半周长 $s = \dfrac{a+b+c}{2}$, 那么

$$S = \sqrt{s(s-a)(s-b)(s-c)}.$$

这就是海伦 (Heron) 公式. 海伦生活在公元 1 世纪, 是古希腊亚历山大时期著名的数学家、测量学家和机械发明家. 顺便指出, 海伦公式被 William Dunham 的著作 [6] 列为数学中的伟大定理之一, 海伦的原证也在该书中一并给出, 过程非常繁复.

现在让我们来给出秦九韶公式一个具有古代特色的证明 [3]. 秦九韶当初是对不等边三角形给出了面积公式, 将三边命名为大斜、中斜、小斜.《数书九章》第 5 卷有 "三斜求积" 问:

问沙田一段, 有三斜, 其小斜一十三里, 中斜一十四里, 大斜一十五里, 里法三百步, 欲知为田几何?

答曰: 三百一十五顷.

术曰: 以小斜幂并大斜幂, 减中斜幂, 余, 半之. 同乘于上, 以小斜幂乘大斜幂, 减上. 余, 四约之为实, 开平方, 得积.

写成公式为

$$\text{面积}^2 = \frac{1}{4}\times\left[\text{小斜}^2\times\text{大斜}^2 - \left(\frac{\text{大斜}^2+\text{小斜}^2-\text{中斜}^2}{2}\right)^2\right].$$

如图 2.12 所示, 我们来进行具体的推导. 在大斜上作三角形的高, 将大斜分为两部分, 分别作为一个直角三角形的弦与股. 根据《九章算术》, 三角形的面积 $= \dfrac{1}{2}\times$ 高 $\times$ 长边, 问题转化为求高.

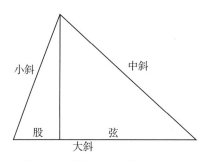

图 2.12 秦九韶公式推导示意图

由于

$$弦 + 股 = 大斜,$$

$$勾^2 = 弦^2 - 股^2 = 中斜^2 - 小斜^2.$$

已知勾和弦股之和, 要将股算出来, 这相当于解一个二元方程组. 刘徽做过这个问题, 有公式

$$股 = \frac{(弦 + 股)^2 - 勾^2}{2 \times (弦 + 股)}. \tag{2.4.1}$$

该公式的证明稍后再议. 我们可以得到

$$股 = \frac{大斜^2 - (中斜^2 - 小斜^2)}{2 \times 大斜}.$$

这样, 根据

$$高^2 = 小斜^2 - 股^2,$$

就可以计算出高, 即可得三角形的面积. 虽然秦九韶的公式看似古怪, 但相关推理非常自然.

接下来, 我们用出入相补原理导出结果 (2.4.1) 式. 如图 2.13 所示, 根据面积关系有

$$S_{EDCF} + S_{GHCB} + S_{AEIG} = S_{ABCD} + S_{IFCH},$$

即

$$2 \times 股 \times (弦 + 股) + 弦^2 = (弦 + 股)^2 + 股^2.$$

于是

$$股 = \frac{(弦 + 股)^2 - (弦^2 - 股^2)}{2 \times (弦 + 股)} = \frac{(弦 + 股)^2 - 勾^2}{2 \times (弦 + 股)}.$$

结果得证.

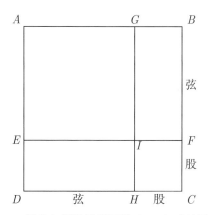

图 2.13　用出入相补原理证明 (2.4.1) 式的示意图

2.5　出入相补原理在比例理论和测望术中的应用

在勾股定理探源中, 我们讲到商高利用 3, 4, 5 的比例关系计算 "日高". 其实在《周髀算经》中还有一项非常重要的几何成果, 那就是日高公式.

在南北方向的一条直线上放置两根有一定间距的相同高度的测量杆, 称为 "表". 在中午时测量两表的影长, 两影长的差称为影差. 太阳的地平面高度由如下日高公式给出:

$$日高 = \frac{表距 \times 表高}{影差} + 表高.$$

如图 2.14 所示, A 点代表太阳, 线段 BH 所在直线是南北方向的, CD 和 EF 为表, CG 和 EH 为影长, CE 为表距. 我们已知 CD, CG, EH 和 CE, 需要计算的是 AB.

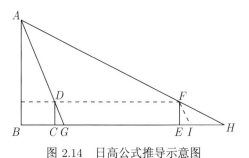

图 2.14　日高公式推导示意图

《周髀算经》中没有给出该式的证明. 作为一道几何习题, 我们可以添加平行线 FI, 之后利用相似三角形的知识来得到证明.

容易知道,

$$\frac{EF}{AB} = \frac{FH}{AH} = \frac{IH}{GH},$$

从而

$$\frac{EF}{AB - EF} = \frac{IH}{GH - IH} = \frac{IH}{GI}.$$

故

$$AB = \frac{GI \cdot EF}{IH} + EF.$$

而

$$GI = DF = CE = 表距,$$

$$IH = EH - EI = EH - CG = 影差,$$

这样就能完成证明.

不过那应该不是古代的证明. 吴文俊院士根据赵爽所著的《周髀算经注》中的一篇文章补出了一个具有古代韵味的数学证明 [3], 采用的是出入相补原理. 出入相补原理虽然看似简单, 却能以一种优美的, 往往令人惊异的方式应用于多种几何问题的求解和几何定理的证明. 下面来叙述一下这个证明, 它不必作平行线找比例关系, 核心是找面积关系.

在证明之前, 先要用到一个结论, 见图 2.15 (另见彩图 9). 在一个矩形的对角线上任取一点, 过这点作一条水平直线, 一条铅垂线, 将矩形分割成四块. 那么空白两块矩形的面积是相等的. 想一想为什么?

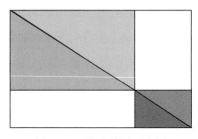

图 2.15　辅助结果示意图

如图 2.16 所示 (另见彩图 10), FA 和 BQ 是影长. 作线段 $PQ = FA$, 这样 BP 就是影差. 观察一下日高公式, 其实就是要证明:

$$表距 \times 表高 = 表以上日高 \times 影差.$$

也就是说,

$$黄甲的面积 = 黄乙的面积.$$

用一下刚才的结论, 矩形 $GEBK$ 和矩形 $CKNO$ 的面积是相等的, 也就是说,

$$青丙的面积 + 黄甲的面积 = 黄乙的面积 + 青己的面积.$$

那么只要证明

青丙的面积 = 青己的面积.

我们知道青戊和青己的面积相等, 将刚才的结论再用一次, 即青丙和青戊的面积相等. 这样上面的式子是成立的, 日高公式的证明也就完成了.

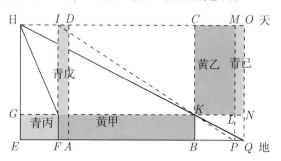

图 2.16　吴文俊日高公式的证明

刘徽所著的《海岛算经》是一本测量学著作, 原为《九章算术注》中第九卷勾股章内容的延续和发展, 名为《重差》, 附于《九章算术注》之后作为第十章. 唐代初年, 将《重差》从《九章算术注》分离出来, 单独成书, 按第一题 "今有望海岛", 取名为《海岛算经》, 是《算经十书》之一. 吴文俊院士称刘徽的《海岛算经》使 "中国测量学达到登峰造极的地步", 美国数学家弗兰克·斯委特兹认为《海岛算经》使 "中国在数学测量学的成就, 超越西方约一千年".

《海岛算经》共九问. 一问, 如图 2.17 所示:

今有望海岛, 立两表齐高三丈前后相去千步, 今后表与前表参相直, 从前表却行一百二十三步, 人目着地, 取望岛峰与表末参合, 从后表却行一百二十七步, 人目着地, 取望岛峰亦与表末参合. 问岛高及去表各几何?

答曰: 岛高四里五十五步, 去表一百二里一百五十步.

术曰: 以表高乘表间为实, 相多为法, 除之, 所得加表高, 即得岛高. 求前表去岛远近者, 以前表却行乘表间为实, 相多为法, 除之, 得岛去表里数.

刘徽所在的年代使用的长度单位有

图 2.17　窥望海岛之图

里、丈、步、尺、寸. 一里为 180 丈, 亦为 300 步. 一丈等于十尺, 一尺等于十寸. 从而, 三丈等于五步, 一步等于六尺. 刘徽提出的做法中, "为实" 意指作为分数的分子, "为法" 意指作为分数的分母. 第一小问求岛的高度, 那么将表高 3 丈乘以表间距 1000 步作为分子, "相多" 是两次测量的差数, 即 127 步与 123 步之差, 作为分母, 最后再加上表高 3 丈即可. 列式计算有:

$$\frac{3丈 \times 1000步}{127步 - 123步} + 3丈 = \frac{5 \times 1000}{4}步 + 5步 = 1255步 = 4里55步.$$

第二小问计算岛和前表的距离, 将前表却行 123 步乘以表间距 1000 步作为分子, 相多为分母. 列式计算有:

$$\frac{123步 \times 1000步}{127步 - 123步} = 30750步 = 102里150步.$$

刘徽指出:"凡望极高、测绝深而兼知其远者必用重差、句 (勾) 股, 则必以重差为率, 故曰重差也." 意思就是说, 为了测量出高度或深度, 需要多次运用直角三角形勾股比例.

现在来获得刘徽的重差公式. 参见示意图 2.18, 令海岛高度为 x, 前表去岛距离为 y, 前表却行 a, 后表却行 b, 表 CD 与 FG 的长为 c, 表间距 d.

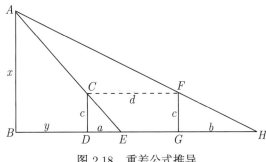

图 2.18　重差公式推导

直角三角形 CDE 与直角三角形 ABE 的勾股成比例, 有

$$\frac{a}{c} = \frac{a+y}{x}.$$

直角三角形 FGH 与直角三角形 ABH 的勾股成比例, 有

$$\frac{b}{c} = \frac{b+d+y}{x}.$$

两比例式相减, 并运用初中数学所学的比例性质, 有

$$\frac{b-a}{c} = \frac{b+d-a}{x} = \frac{d}{x-c},$$

于是

$$x - c = \frac{cd}{b-a},$$

即

$$x = \frac{cd}{b-a} + c.$$

另一方面, 两个比例式相除, 有

$$\frac{a}{b} = \frac{a+y}{b+d+y} = \frac{y}{d+y},$$

于是

$$\frac{a}{b-a} = \frac{y}{d},$$

即

$$y = \frac{ad}{b-a}.$$

2.6　关于勾股数的一些介绍

勾股数, 又名商高数, 毕氏三元数 (Pythagorean triple). 对于一个三角形, 若三条边长 a ,b, c 均为正整数, 且 $a^2 + b^2 = c^2$, 那么三元组 (a,b,c) 就是勾股数. 从代数的角度来看, 勾股数组就是不定方程 $a^2 + b^2 = c^2$ 的正整数解. "勾三股四弦五" 即是最早提出的一组勾股数. 我们自然会提问: 勾股数满足什么样的规律? 该如何构造勾股数?

最早发现勾股数组的是距今 4000 多年的巴比伦人, 而且他们还是成批发现的, 最大的一组勾股数是 $(12709, 13500, 18541)$. 后人不断改进勾股数的表示:

- 毕达哥拉斯给出的勾股数公式为

$$n, \quad \frac{n^2-1}{2}, \quad \frac{n^2+1}{2} \quad (n\text{为奇数}).$$

- 欧几里得给出的勾股数公式为

$$\sqrt{ab}, \quad \frac{a-b}{2}, \quad \frac{a+b}{2} \quad (a,b\text{奇偶性相同且}ab\text{为完全平方数}).$$

- 丢番图给出的勾股数公式为

$$2mn, \quad m^2 - n^2, \quad m^2 + n^2 \quad (m,n\text{为任意自然数且}n > m).$$

- 刘徽以比的形式给出的勾股数公式为

$$a : b : c = \frac{1}{2}(m^2 - n^2) : mn : \frac{1}{2}(m^2 + n^2).$$

为找出所有勾股数, 美国数学家柯朗 [7] 给出了一个简便的做法, 我们转述如下. 令 $x = a/c, y = b/c$, 则寻求 $a^2 + b^2 = c^2$ 的整数解转化为寻求 $x^2 + y^2 = 1$ 的有理数解. 这时,

$$y^2 = 1 - x^2 = (1+x)(1-x),$$

即

$$\frac{y}{1+x} = \frac{1-x}{y},$$

所得等式的两边是一个公共的有理数值, 记为 t. 那么由 $y = (1+x)t$ 和 $(1-x) = ty$ 可联立解出

$$x = \frac{1-t^2}{1+t^2}, \quad y = \frac{2t}{1+t^2}.$$

由于 t 是有理数, 因此可将 t 写成两个整数 u 和 v 的比, 即 $t = u/v$, 我们就能得到

$$\frac{a}{c} = \frac{v^2 - u^2}{v^2 + u^2}, \quad \frac{b}{c} = \frac{2uv}{v^2 + u^2}.$$

于是

$$a : b : c = (v^2 - u^2) : (2uv) : (v^2 + u^2).$$

容易发现, 若 (a, b, c) 是勾股数, 则对于任意正整数 n, (na, nb, nc) 亦是勾股数. 若 a, b, c 的最大公约数是 1, 那么称勾股数 (a, b, c) 为素勾股数.

令 $v > u, v, u$ 互素且 v 和 u 的奇偶性互异, 则公式

$$a = v^2 - u^2, \quad b = 2uv, \quad c = v^2 + u^2$$

将给出所有的素勾股数.

还有一个使用解析几何知识获得勾股数的有趣方法. 让我们将目光聚焦在求方程 $x^2 + y^2 = 1$ 的有理数解, 即求单位圆上的有理点. 假设 $P(x_0, y_0)$ 是单位圆上的某有理点. 将坐标为 $(-1, 0)$ 的点记为 Q, 则直线 PQ 的方程是 $y = k(x+1)$, 式中斜率 k 是一个有理数. 联立 $y = k(x+1)$ 和 $x^2 + y^2 = 1$, 可得

$$(k^2 + 1)x^2 + 2kx + (k^2 - 1) = 0.$$

上述方程的两个根应分别是 P, Q 两点的横坐标 x_0 和 -1. 由根与系数关系, 得

$$x_0 \cdot (-1) = \frac{k^2 - 1}{k^2 + 1}.$$

于是,

$$x_0 = \frac{1 - k^2}{1 + k^2},$$

进而求出 $y_0 = \frac{2k}{1 + k^2}$. 这个方法与柯朗的方法有异曲同工之妙.

2.7　思考与超越：出入相补原理的其他应用

2.7.1　幻方的构造

我们在这里谈谈幻方的构造. 出入相补原理是怎么和它联系上的呢? 先来介绍一下什么是幻方 [2]. 传说大禹治水的时候, 洛水神龟献给大禹一副奇怪的图, 称为洛书, 见图 2.19.

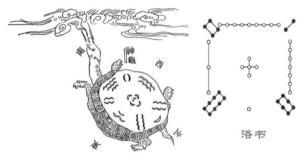

图 2.19　洛书

这幅图用现在的数学符号翻译出来, 就是在 3×3 的方阵中填入数字 1 到 9, 使得每行、每列以及两条对角线上的数字之和相等, 例如:

4	9	2
3	5	7
8	1	6

世界上的第一个幻方是由中国人首先发明的, 这个小小的幻方奠定了数学中一个重要分支——组合数学的基础.

在中国古代, 洛书 3 阶幻方被蒙上了一层重重的神秘色彩. 周朝的易学家将它与 "九宫说" 等同起来 (九宫指八卦之宫再加上中央之宫), 或者将它同 "天地生成数说" 联系起来 (天数指奇数 1, 3, 5, 7, 9, 表阳、乾、天; 地数指偶数 2, 4, 6, 8, 表阴、坤、地).

幻方的构造方法很多 [8-10], 至今数学家们仍在研究它. 幻方里也蕴涵着很多奇妙的性质, 有兴趣的读者可以进一步参阅其他文献. 目前没有构造一般幻方的方法, 而是将幻方按阶数分成三种类型. 首先奇数和偶数的构造法是不同的, 偶数又分成单偶数和双偶数两种情况 (双偶数指能被 4 整除的偶数, 单偶数是指不能被 4 整除的偶数, 即 $4k + 2$ 型的整数). 我们仅在这里介绍一下一般奇数阶幻方的构造, 如果读者有兴趣知道更多, 可以阅读文献 [10].

我们举一个 5 阶幻方的例子来说明构造思想, 参见图 2.20.

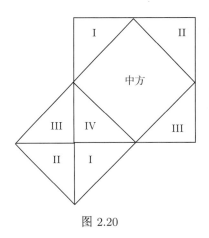

图 2.20

在原来的正方形中, 取 4 条边的中点, 连接得到一个正方形, 不妨称之为 "中方". 中方四周有 4 个等腰直角三角形, 通过平移以后可以得到一个和中方全等的正方形. 接下来, 我们来填数, 见图 2.21.

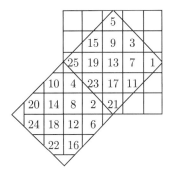

12	6	5	24	18
16	15	9	3	22
25	19	13	7	1
4	23	17	11	10
8	2	21	20	14

图 2.21 5 阶幻方的获得

将 1 至 25 中的奇数都填至中方, 偶数填在拼补而成的正方形中. 填数的时候是要按顺序的, 该顺序需要事先指定, 本例从右下依次填数至左上, 当然从左上至右下也可以. 全部填完以后, 再将图形还原, 这样一个 5 阶幻方就完成了.

2.7.2 阿贝尔恒等式、排序不等式及在运筹学中的应用

以下阿贝尔恒等式在数学分析和运筹学中都有重要应用.

定理 2.7.1(阿贝尔恒等式) 任给两组实数 $\{a_i\}_{i=1}^N$ 和 $\{b_i\}_{i=1}^N$, 那么

$$\sum_{i=1}^N a_i b_i = \sum_{i=1}^{N-1} (a_i - a_{i+1}) B_i + a_N B_N,$$

其中 $B_i = b_1 + \cdots + b_i, i = 1, \cdots, N.$

阿贝尔恒等式的本质是将和式 $\sum\limits_{i=1}^{N} a_i b_i$ 以另一种形式表现出来. 我们用出入相补原理来直观证明该结果 [11]. 为讨论方便, 设 $N = 4$, 并假设所有的 a_i 和 b_i 都为正, 且 $\{a_n\}$ 是递减序列. 此时的阿贝尔恒等式为

$$a_1b_1 + a_2b_2 + a_3b_3 + a_4b_4$$
$$= (a_1 - a_2)b_1 + (a_2 - a_3)(b_1 + b_2) + (a_3 - a_4)(b_1 + b_2 + b_3)$$
$$+ a_4(b_1 + b_2 + b_3 + b_4). \tag{2.7.1}$$

如图 2.22 所示 (另见彩图 11), 该图形由四个矩形组成, 它的面积自然是 $\sum\limits_{i=1}^{4} a_i b_i$. 现在换一个角度, 我们将图中的阶梯形状从纵向进行分割, 见图 2.23 (另见彩图 12), 再来计算该图形的面积. 同样是四个矩形的面积和, 但此时的表达式变成

$$(a_1 - a_2)b_1 + (a_2 - a_3)(b_1 + b_2) + (a_3 - a_4)(b_1 + b_2 + b_3) + a_4(b_1 + b_2 + b_3 + b_4).$$

根据出入相补原理, 同一个图形进行不同分割计算面积, 得到的结果应该是相同的. 这样就证得了阿贝尔恒等式.

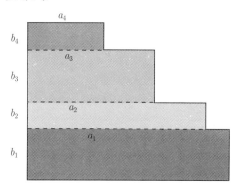

图 2.22 阿贝尔恒等式证明示意图 1

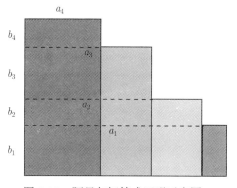

图 2.23 阿贝尔恒等式证明示意图 2

我们接下来补充一个严格的证明.

证明　用数学归纳法来证明结果. 当 $N = 1$ 时, 结果显然成立. 假设 $N = k$ 时结果成立, 换言之,

$$\sum_{i=1}^{k} a_i b_i = \sum_{i=1}^{k-1} (a_i - a_{i+1}) B_i + a_k B_k,$$

欲证结果当 $N = k+1$ 时亦成立. 事实上, 由上式和简单计算有

$$\begin{aligned}
\sum_{i=1}^{k+1} a_i b_i &= \sum_{i=1}^{k} a_i b_i + a_{k+1} b_{k+1} \\
&= \sum_{i=1}^{k-1} (a_i - a_{i+1}) B_i + a_k B_k + a_{k+1} b_{k+1} \\
&= \sum_{i=1}^{k-1} (a_i - a_{i+1}) B_i + (a_k - a_{k+1}) B_k + a_{k+1} B_k + a_{k+1} b_{k+1} \\
&= \sum_{i=1}^{k} (a_i - a_{i+1}) B_i + a_{k+1} B_{k+1},
\end{aligned}$$

故 $N = k+1$ 时结果的确成立. 于是, 由数学归纳原理证得阿贝尔恒等式.　　　□

利用阿贝尔恒等式可得如下排序不等式.

定理 2.7.2(排序不等式)　假设 $a_1 \leqslant a_2 \leqslant \cdots \leqslant a_n$, $b_1 \leqslant b_2 \leqslant \cdots \leqslant b_n$, 那么

$$\begin{aligned}
a_1 b_n + a_2 b_{n-1} + \cdots + a_n b_1 &\leqslant a_1 b_{i_1} + a_2 b_{i_2} + \cdots + a_n b_{i_n} \\
&\leqslant a_1 b_1 + a_2 b_2 + \cdots + a_n b_n,
\end{aligned}$$

其中 $i_1, i_2, \cdots, i_n$ 是 $1, 2, \cdots, n$ 的一个排列.

证明　先证 "乱序和不超过同序和", 即

$$a_1 b_{i_1} + a_2 b_{i_2} + \cdots + a_n b_{i_n} \leqslant a_1 b_1 + a_2 b_2 + \cdots + a_n b_n.$$

此不等式等价于

$$\sum_{k=1}^{n} a_k (b_k - b_{i_k}) \geqslant 0.$$

对于两组数 $\{a_k\}$ 和 $\{b_k - b_{i_k}\}$ 使用阿贝尔恒等式, 如果记

$$S_k = \sum_{j=1}^{k} (b_j - b_{i_j}),$$

那么

$$\sum_{k=1}^{n} a_k(b_k - b_{i_k}) = a_n S_n + \sum_{k=1}^{n-1}(a_k - a_{k+1})S_k.$$

注意到 $S_n = 0$, 另外根据条件 $b_1 \leqslant b_2 \leqslant \cdots \leqslant b_n$ 可以知道

$$b_1 + b_2 + \cdots + b_k \leqslant b_{i_1} + b_{i_2} + \cdots + b_{i_k},$$

于是

$$S_k = \sum_{j=1}^{k}(b_j - b_{i_j}) = \sum_{j=1}^{k} b_j - \sum_{j=1}^{k} b_{i_j} \leqslant 0.$$

又 $a_k - a_{k+1} \leqslant 0$, 故有

$$\sum_{k=1}^{n-1}(a_k - a_{k+1})S_k \geqslant 0.$$

结果得证. 同理可证 "逆序和不超过乱序和". □

排序不等式是相当重要的不等式, 我们会遇到很多实际问题需要用它来解决.

例 2.7.1　设有 10 个人各拿一个水桶同到一个水龙头上打水, 假设水龙头注满第 i 个人的时间为 T_i 分钟, T_i 各不相同. 那么, 我们如何安排这些人的打水顺序, 使得他们总的花费时间最少呢?

分析　这个问题就是要找 $1, 2, \cdots, 10$ 的一个排列 $i_1, i_2, \cdots, i_{10}$, 使得总花费时间

$$T = T_{i_1} + (T_{i_1} + T_{i_2}) + (T_{i_1} + T_{i_2} + T_{i_3}) + \cdots + (T_{i_1} + T_{i_2} + \cdots + T_{i_{10}})$$
$$= 10T_{i_1} + 9T_{i_2} + \cdots + 2T_{i_9} + T_{i_{10}}$$

最少. 对于这个问题, 通过排序不等式容易找到答案, 即打水时间少的人优先打水.

一个推广的问题是, 如果有两个或更多个水龙头打水, 又应该怎么安排呢?

解　假设有两个水龙头, 我们先考虑两个水龙头上打水的人数相等的情形, 假设都是 n 个人. 其中一个水龙头上 n 个人的打水时间依次是 $T_1, T_2, \cdots, T_n$, 另一水龙头上 n 个人的打水时间依次是 $T_1', T_2', \cdots, T_n'$, 那么所有人花费时间总和 T 为

$$T = [nT_1 + (n-1)T_2 + \cdots + 2T_{n-1} + T_n] + [nT_1' + (n-1)T_2' + \cdots + 2T_{n-1}' + T_n']$$
$$= nT_1 + nT_1' + (n-1)T_2 + (n-1)T_2' + \cdots + 2T_{n-1} + 2T_{n-1}' + T_n + T_n'.$$

注意到

$$n \geqslant n \geqslant n-1 \geqslant n-1 \geqslant \cdots \geqslant 2 \geqslant 2 \geqslant 1 \geqslant 1,$$

由排序不等式知, 如果

$$T_1 \leqslant T_1' \leqslant T_2 \leqslant T_2' \leqslant \cdots \leqslant T_{n-1} \leqslant T_{n-1}' \leqslant T_n \leqslant T_n',$$

则 T 最小.

如果人数不相等的话, 我们就在人数少的那个水龙头上添加几个花费时间为零的人, 使得人数相等.

对于打水问题, 依上面的思路, 可以说明: 两个水龙头上打水的人数应相等或相差为 1, 这样花费时间较少.

最后得到如下的安排次序: 所有人排好队, 打水时间少的排前面, 排在奇数位置的依次去一个水龙头打水, 排在偶数位置的依次去另一个水龙头打水.

如果是 n 个人, r 个水龙头, 那么 n 个人还是排好队, 排队时间少的排前面, 之后哪个水龙头空出来了, 队伍中排在首位的人就去那个水龙头打水即可.

排序不等式还能用来证明非常重要的算术–几何均值不等式.

例 2.7.2 使用排序不等式证明: 若 $a_1, a_2, \cdots, a_n$ 是正数, 则

$$\frac{a_1 + a_2 + \cdots + a_n}{n} \geqslant \sqrt[n]{a_1 a_2 \cdots a_n}.$$

证明 假定 $\sqrt[n]{a_1 a_2 \cdots a_n} = G_n$, 则我们要证明

$$\frac{a_1}{G_n} + \frac{a_2}{G_n} + \cdots + \frac{a_n}{G_n} \geqslant n.$$

作变量替换, 令 $b_i = a_i / G_n, 1 \leqslant i \leqslant n$, 可以验证 $b_1 b_2 \cdots b_n = 1$. 原来的算术–几何均值不等式可以转化为如下问题:

已知 $b_1, b_2, \cdots, b_n$ 是正数, 且满足 $b_1 b_2 \cdots b_n = 1$, 则

$$b_1 + b_2 + \cdots + b_n \geqslant n.$$

可以发现这个问题中难以处理的 n 次根式不再出现, 但多了一个约束条件. 再作变量替换, 令 $c_1, c_2, \cdots, c_n$ 是正数,

$$b_1 = \frac{c_1}{c_2}, \quad b_2 = \frac{c_2}{c_3}, \quad \cdots, \quad b_{n-1} = \frac{c_{n-1}}{c_n}, \quad b_n = \frac{c_n}{c_1},$$

约束条件蕴涵在了这个代换中. 需要证明的不等式可以写成

$$c_1 \cdot \frac{1}{c_2} + c_2 \cdot \frac{1}{c_3} + \cdots + c_{n-1} \cdot \frac{1}{c_n} + c_n \cdot \frac{1}{c_1} \geqslant c_1 \cdot \frac{1}{c_1} + c_2 \cdot \frac{1}{c_2} + \cdots + c_n \cdot \frac{1}{c_n}.$$

上式左端是乱序和, 右端是逆序和, 由排序不等式知上述不等式成立, 证明就完成了.

2.8 思考与超越: 勾股定理的本质是什么?

利用勾股定理我们可以获得计算平面上任意两点之间距离的公式. 如图 2.24 所示, 先建立一个笛卡尔直角坐标系. 已知两点 $A(x_1, y_1)$ 和 $B(x_2, y_2)$, 作出直角三

角形, 应用勾股定理立即得到

$$|AB| = \sqrt{(x_1 - x_2)^2 + (y_1 - y_2)^2}.$$

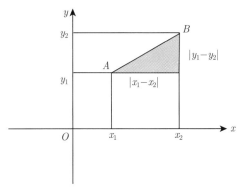

图 2.24　平面上任意两点之间距离的计算

那么三维空间中任意两点之间的距离如何计算呢? 如图 2.25 所示, 若要得出 $|M_1M_2|$, 先在直角三角形 M_1NM_2 中应用勾股定理, 有

$$|M_1M_2| = \sqrt{|M_1N|^2 + |M_2N|^2}.$$

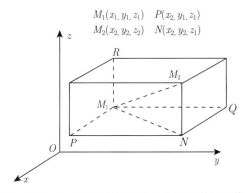

图 2.25　三维空间中任意两点之间距离的计算

在直角三角形 M_1PN 中再应用一次勾股定理, 得出

$$|M_1N| = \sqrt{|M_1P|^2 + |PN|^2},$$

于是就有

$$|M_1M_2| = \sqrt{(x_1 - x_2)^2 + (y_1 - y_2)^2 + (z_1 - z_2)^2}.$$

如果是在球面上, 如何计算任意两点之间的距离呢? 这里我们说的 "距离", 实际上有一个专有名词来指代它, 叫 "大圆距离". 大圆距离 (Great-circle distance) 指

的是从球面的一点 A 出发到达球面上的另一点 B, 所经过的最短路径的长度. 一般说来, 球面上任意两点 A 和 B 都可以与球心确定唯一的大圆, 而在大圆上连接这两点的较短的一条弧的长度就是大圆距离. 若这两点和球心正好都在球的直径上, 则过这三点可以有无数个大圆, 且两点之间的弧长都相等, 即等于该大圆周长的一半. 由于地球可近似看作球体, 地球上任何两点沿球面的最短距离都可以通过大圆距离公式估算而得到结果, 这在航空和航海上是有很大应用价值的.

事实上, 成立如下球面距离公式:

定理 2.8.1 假设球面上的一点 A, 其经、纬度分别是 j_A, w_A, 另一点 B 的经、纬度分别是 j_B, w_B, 则 A, B 之间的大圆距离为

$$R\arccos(\sin w_A \sin w_B + \cos w_A \cos w_B \cos \Delta j),$$

式中 R 是大圆半径, $\Delta j = |j_A - j_B|$. 亦可借助三角公式将距离公式写成等价的形式, 即

$$2R\arcsin\left(\sqrt{\sin^2 \frac{\Delta w}{2} + \cos w_A \cos w_B \sin^2 \frac{\Delta j}{2}}\right),$$

式中 $\Delta w = |w_A - w_B|$.

如图 2.26 所示, 要计算大圆距离, 只需知道圆心角 AOB. 在 $\triangle AOB$ 中应用余弦定理, 我们知道, 只要弦长 AB 能算出, 则圆心角 AOB 可得. 应用勾股定理知 $AB = \sqrt{BE^2 + AE^2}$, 其中 BE 可以算出 (已在图 2.26 中标注), 而 $AE = CD$, 在 $\triangle COD$ 中应用余弦定理, 即可算出 CD, 这样公式的证明就能完成了.

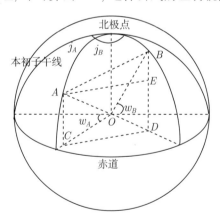

图 2.26 求解球面上两点距离示意图

我们可以用坐标法简洁导出球面距离公式. 为此, 先介绍球坐标系 (Spherical coordinate system), 见图 2.27, 三元组 (r, θ, φ) 表示一个点 P 在空间中的位置. r 表示点 P 与原点的径向距离. 连线 OP 与 z 轴正半轴之间的夹角为 θ(天顶角), 在地

理学中, 该角可以变换成纬度. 连线 OP 在 xy 平面的投影线与 x 轴正半轴的夹角为 φ(方位角), 在地理学中, 该角可以变换成经度.

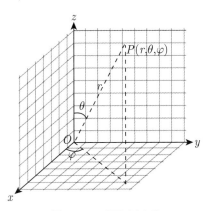

图 2.27 球面坐标系

球坐标系 (r, θ, φ) 与直角坐标系 (x, y, z) 之间有如下转换关系:

$$\begin{cases} x = r \sin \theta \cos \varphi, \\ y = r \sin \theta \sin \varphi, \\ z = r \cos \theta. \end{cases}$$

不失一般性, 假设球半径是 1. 已知点 A 的经、纬度分别是 j_A, w_A, 点 B 的经、纬度分别是 j_B, w_B. 令 $\Delta j = |j_A - j_B|$. 假定点 A 的球坐标是 $(1, \pi/2 - w_A, 0)$, 点 B 的球坐标是 $(1, \pi/2 - w_B, \Delta j)$, 则 A, B 两点的直角坐标分别为

$$(\cos w_A, 0, \sin w_A), \quad (\cos w_B \cos \Delta j, \cos w_B \sin \Delta j, \sin w_B).$$

立即得出

$$\cos \angle AOB = \cos \langle \overrightarrow{OA}, \overrightarrow{OB} \rangle = \overrightarrow{OA} \cdot \overrightarrow{OB}$$

$$= \cos w_A \cos w_B \cos \Delta j + \sin w_A \sin w_B.$$

这样, 圆心角算出来了, 距离自然就有了.

沿着这个思路考虑下去, 如果对于其他曲面那又该如何计算距离呢? 此时, 何为 "距离", 就成了一件必须要言明的事情. 换言之, 我们必须抓住具体空间上 "距离" 的特征, 给出一般情形 "距离" 的公理化定义.

定义 2.8.1[12] 设 X 是非空集合. 函数 $d: X \times X \to \mathbb{R}$ 满足:

(1) 当 $x, y \in X$ 时, $d(x, y) \geqslant 0$, 且等号成立当且仅当 $x = y$;

(2) 当 $x, y \in X$ 时, $d(x, y) = d(y, x)$;

(3) 当 $x, y, z \in X$ 时, 有三角不等式: $d(x, z) \leqslant d(x, y) + d(y, z)$.

那么称 $d(x, y)$ 是 X 上的任意两点 x, y 的 **距离**.

容易证明, 在以上定义中可以由条件 (1) 和 (3) 推得条件 (2), 这里为了说明抽象的 "距离" 仍然满足普通距离的直观特征, 仍然把 (2) 作为一个额外条件给出. 分析以上定义, 条件 (1) 意味着任意两点的距离都是非负的, 且只有两点重合时, 它们的距离方为零. 条件 (2) 意味着点 x 与 y 的距离等于点 y 与 x 的距离. 要求抽象的 "距离" 满足这两个条件应该是十分自然的. 条件 (3) 则涉及三个点, 是受到平面几何中 "三角形两边之和大于第三边" 这个基本性质的启发而给出的.

我们通常意义下所理解的距离是符合上述关于 "距离" 的定义的. 例如, 取 $X = \mathbb{R}$, 则

$$d(x, y) = |x - y|$$

是一个距离. 如果 $X = \mathbb{R}^2$, 则

$$d(x, y) = \sqrt{(x_1 - y_1)^2 + (x_2 - y_2)^2}, \quad x = (x_1, x_2), y = (y_1, y_2)$$

是一个距离, 这个距离就是由勾股定理所给出的. 因此, 勾股定理与其说是定理, 不如说是给出了平面距离的一个定义. 事实上, 平面上的 "距离" 可以有无穷个, 最简单的是在一个距离上随意乘上一个正常数, 就得到一个新的距离了, 只不过这是一个平凡的推广. 实际上, $d(x, y) = |x_1 - y_1| + |x_2 - y_2|$ 亦是一个距离, 在形式上和勾股定理给出的距离就完全不同了.

有了对 "距离" 的这样一种崭新理解与认识, 就大大拓广了我们的研究视野, 从思维上完成了一次从具体到抽象的革命性飞跃. 无怪乎世界著名数学家、菲尔兹奖获得者丘成桐所言: "在我看来, 毕氏定理 (即勾股定理) 是几何学最重要的叙述. 它不但在计算二维平面的习题作业或是中学课堂上的三维题目时是解题关键, 对于高深的高维数学, 如计算卡拉比-丘空间中的距离, 或是解爱因斯坦的运动方程式, 也同等重要. 毕氏定理的重要性源自于, 我们可以用它算出在任何维度空间里, 任意两点之间的距离. 而且, 几何和距离有密切的关系, 这就是为什么毕氏定理几乎在一切几何问题里都是核心." [13] 因此, 勾股定理的重要性在于它本身所揭示的内容, 而不仅仅在于人们对它作出的证明.

思考与练习 2.8.1

1. 参照图示说明, 给出欧几里得证明勾股定理的详细步骤, 体会和赵爽利用 "弦图" 证明勾股定理的异同.

2. 设 a 和 b 均为正数.

(1) 构造图形, 使用出入相补原理, 证明恒等式:

$$(a + b)^2 - (a - b)^2 = 4ab.$$

(2) 证明不等式:

$$a^2 + b^2 \geqslant 2ab.$$

3. 利用赵爽证明勾股定理的构图, 可以对一元二次方程的解法提出新的解释, 见图 2.28. 我们假设 p, q 是两个给定的正数, 图中的 $x_1, x_2(x_1 < x_2)$ 满足

$$\begin{cases} x_1 + x_2 = p, \\ x_1 x_2 = q. \end{cases}$$

能否借助这张图来说明

$$x_1 = \frac{p - \sqrt{p^2 - 4q}}{2}, \quad x_2 = \frac{p + \sqrt{p^2 - 4q}}{2}?$$

这其实给出了方程

$$x^2 - px + q = 0, \quad p > 0, q > 0$$

的解.

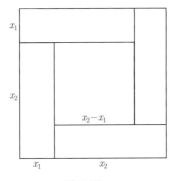

图 2.28

4. 根据图 2.29 说明: 如果 $p^2 = 2q^2$, 那么 $(2q - p)^2 = 2(p - q)^2$, 进而证明 $\sqrt{2}$ 是无理数.

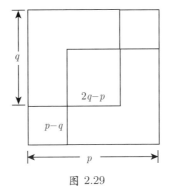

图 2.29

5. 有这样一个寻找勾股数的小技巧, 任选一个大于 1 的奇数, 平方以后除以 2, 答数加减 1/2 后得到两个新的数, 这两个数连同最初的数必定形成一组勾股数. 试解释这样做能成功的原因.

6. (3,4,5) 是唯一的一组成等差数列的素勾股数. 你能否证明这个结果么?

7. 下面的结果可以视作勾股定理的变形, 在平面几何证明中有重要应用价值, 请来证明它:

平面上任意给出四点 A, B, C, D, 求证: $AB \perp CD$ 的充分必要条件是

$$AC^2 - AD^2 = BC^2 - BD^2.$$

顺便指出, 平面上的四点改成三维空间中的四点, 结论也是成立的, 你能否也给出证明呢?

8. 《九章算术》中 "出南北门求邑方" 问是:

今有邑方不知大小, 各中开门. 出北门二十步有木, 出南门一十四步, 折而西行一千七百七十五步见木. 问邑方几何?

见图 2.30, 正方形 $ABCD$ 中, E 是 AD 的中点, G 是 BC 的中点, $EF = 20$, $GH = 14$, $IH = 1775$, 那么正方形 $ABCD$ 的边长是多少?

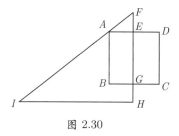

图 2.30

9. 根据图 2.31 (另见彩图 13) 尝试证明如下柯西–施瓦茨不等式:

$$(ac + bd)^2 \leqslant (a^2 + b^2)(c^2 + d^2),$$

式中 a,b,c,d 为四个正实数.

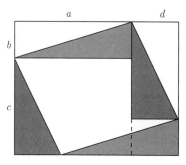

图 2.31

参考文献

[1] 王树禾. 数学演义 [M]. 北京: 科学出版社, 2004.

[2] 郭金彬, 孔国平. 中国传统数学思想史 [M]. 北京: 科学出版社, 2007.

[3] 吴文俊. 吴文俊文集 [M]. 济南: 山东教育出版社, 1986.

[4] 吴文俊. 数学机械化 [M]. 北京: 科学出版社, 2003.

[5] 沈康生. 中国数学史大系: 第 5 卷 [M]. 北京: 北京师范大学出版社, 2000.

[6] W. Dunham. Journey Through Genius: The Great Theorems of Mathematics [M]. New York: John Wiley & Sons, 1990.

[7] R. Courant, H. Robbins. What Is Mathematics: An Elementary Approach to Ideas and Methods, 2nd ed. [M]. New York: Oxford University Press, 1996.

[8] 陆乃超, 袁小明. 世界数学名题选 [M]. 上海: 上海教育出版社, 1999.

[9] 吴鹤龄. 幻方及其他: 娱乐数学经典名题, 2 版 [M]. 北京: 科学出版社, 2004.

[10] 刘兴祥. 幻方构造的出入相补原理法 [J]. 延安大学学报 (自然科学版), 1997, 16(3): 9-16.

[11] 张景中. 面积关系帮你解题 [M]. 上海: 上海教育出版社, 1982.

[12] 夏道行, 吴卓人, 严绍宗, 等. 实变函数与泛函分析: 下, 2 版 [M]. 北京: 高等教育出版社, 2010.

[13] 丘成桐, 纳迪斯. 大宇之形 [M]. 湖南: 湖南科学技术出版社, 2012.

第3章

中国古代圆周率π的计算史

3.1 刘徽和他的 "割圆术"

刘徽 (图 3.1), 生卒年不详, 魏末晋初时人, 中国古代伟大数学家. 在他的一生中, 最大的功绩是注《九章算术》和撰《海岛算经》, 特别是用 "割圆术" 来求解圆周率的计算方法隐含极限思想, 享誉世界. 他治学严谨, 使用毕生精力钻研《九章算术》并深入开展注释工作. 正如他自己所言: "徽幼习九章, 长再详览. 观阴阳之割裂, 总算术之根源, 探赜之暇, 遂悟其意. 是以敢竭顽鲁, 采其所见, 为之作注." 刘徽不仅对《九章算术》中的 246 个问题一一给出注解, 使之图文并茂, 且从理论上给予每一问题严格论证, 开创了我国古代数学逻辑推理方法之先河. 而在推理过程中, 他对诸如分析与综合, 归纳与推广、演绎、反驳等多种方法运用自如, 从而使中国古代数学有了自己完整而严谨的理论体系. 刘徽的治学之道有颇多值得后人学习之处:

图 3.1 刘徽

- "不有明据, 辩之斯难". 意即若要论证的话, 一定要有可靠的证据. 刘徽的整个注言必有据, 推导翔实.

- "析理以辞, 解体用图". 意即用逻辑知识去推理, 用几何图形去进行直观分析, 两相结合, 获得结果. 这是数学研究中 "数形结合" 方法的思想精髓.

- "游刃理间, 其刃如新". 刘徽曾借用《庄子·养生主》一文的思想而曰:"庖丁解牛, 游刃其间, 故能历久, 其刃如新." 并论说: "夫数犹刃也, 易简用之, 则动庖丁之理."

刘徽解题思路开阔, 诸法并用, 以简驭繁, 切中要害, 故而硕果累累. 若读者对刘徽的学术成果与学术思想感兴趣, 可参见文献 [1, 2].

现在, 让我们回过头来介绍 "割圆术". "割圆术", 简而言之就是将圆内接正多边形的面积作为圆面积的近似, 以此来计算圆周率, 具体过程我们稍后给出. "割圆术" 的精髓, 按刘徽的原话描述, 即 "割之弥细, 所失弥少, 割之又割, 以至于不可割, 则与圆合体而无所失矣."

"割圆术" 中需要使用圆面积的计算公式, 该公式早在《九章算术》"圆田术" 中就有记载: "半周半径相乘得积步". "积步" 是指以平方步为单位的面积. 圆面积写成式子:

$$S = \frac{1}{2}C \cdot R = \pi R^2,$$

式中 C 代表圆周长, R 代表半径. 该公式是长期实践的经验累积. 刘徽作注给它以严格的证明, 并用以计算圆周率 π 的近似值. 刘徽在证明圆的面积公式时, 采用了出入相补的思想, 见图 3.2 (另见彩图 14). 可以看出, 将圆内接正 $2n$ 边形的面积分割后可以重新排列成一个矩形, 矩形的一条边长等于 n 边形的半周长, 另一条边长等于半径 R. 令 $n \to \infty$, 则 n 边形的周长 → 圆的周长, "故以半周乘半径而为圆幂".

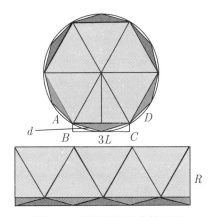

图 3.2　圆的面积公式的证明

"割圆术" 中还需要计算圆内接正多边形的面积. 为了处理这个问题, 先来考虑单位圆内接正多边形的周长怎么求, 这里圆半径 $R = 1$.

如图 3.3 所示, 设 BC 是圆内接正 n 边形的一边, 平分 BC 弧于 A, 那么 AB 与 AC 均是圆内接正 $2n$ 边形的边. 如果已知 BC 的长度, 怎么来求出 AC 或 AB 的长度? 如果我们记单位圆的内接正 n 边形的边长为 a_n, 那么我们要想办法确定 a_{2n} 与 a_n 之间的递推关系.

递推关系式可以这么计算: 根据勾股定理, 有 $AC = \sqrt{CF^2 + AF^2}$, 因 $CF = \frac{1}{2}BC$ 已知, 我们只需确定 AF. 而 AF 等于半径 OA 减去 OF, 那么转而确定 OF

即可. 在直角三角形 OFC 中, 再用一次勾股定理, $OF = \sqrt{OC^2 - CF^2}$, 任务就完成了.

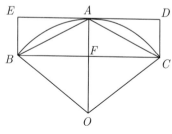

图 3.3　刘徽割圆术

具体写成式子:

$$a_{2n} = \sqrt{\left(\frac{a_n}{2}\right)^2 + \left(R - \sqrt{R - \left(\frac{1}{2}a_n\right)^2}\right)^2} = \sqrt{2 - \sqrt{4 - a_n^2}}.$$

我们已知 $a_6 = 1$, 就可以推算 $a_{12}, a_{24}, \cdots$. 另外值得一提, 表达式 $\sqrt{2 - \sqrt{4 - a_n^2}}$ 可以写成等价的形式:

$$\sqrt{1 + \frac{a_n}{2}} - \sqrt{1 - \frac{a_n}{2}}.$$

再计算单位圆内接正 $2n$ 边形的面积, 记之为 S_{2n}. 四边形 $ABOC$ 的面积是 S_{2n} 的一部分, 该四边形的对角线互相垂直, 那么容易说明它的面积是两条对角线长度乘积的一半. 于是

$$S_{2n} = n \cdot \frac{1}{2} OA \cdot BC = \frac{1}{2} n a_n.$$

至此, 正 $2n$ 多边形的面积可以计算出来. 最后可利用 $S = \pi R^2$ 来得到 π. 当然也可以计算多边形的周长作为圆周长的近似, 再利用 $C = 2\pi R$ 得到 π. 刘徽选用了前者.

我们就以正多边形的面积, 即

$$\frac{1}{2} n a_n, \quad n = 3 \cdot 2^m, m = 1, 2, \cdots$$

作为 π 的近似值. 若 $n = 6$, 则 π 的第一个近似是 $\frac{1}{2} \times 6 \times 1 = 3$.

刘徽曾计算到圆内接正 192 边形, 得 π 的近似值 $157/50 = 3.14$. 但他认为此值不精密, 再三声明太小, 后来又算到圆内接正 3072 边形, 得近似值 3.1416. 试想这需要多大的毅力. 在推算过程中, 借助于 $a_{2n} = \sqrt{2 - \sqrt{4 - a_n^2}}$, 我们知道每前进一步需要开方两次, 在没有计算器的年代, 需要手算开方, 这几乎是令人望而却步的工作.

刘徽方法的特点是, 得出一批一个大于另一个的数值, 这样来一步一步地逼近圆周率. 该方法可以无限精密地逼近圆周率, 但圆内接正多边形的面积小于圆面积, 因此每一次得出的近似值都比圆周率小.

刘徽的 "割圆术" 蕴涵了若干极其重要的思想:

• 圆的面积是未知的, 要求的, 但是正多边形的面积是已知的, 可求的. 他提出了用已知的、可求的量来逼近未知的、要求的量的计算方法.

• 他把圆看作是边数无穷的正多边形, 而边数有限的正多边形的面积是已知的, 可求的. 也就是说, 他用有限来逼近无穷. 用现代数学的观点看, 刘徽已具有极限思想的萌芽.

• 他给出了求解圆周率的上下界估计 (见下一节), 从而可以根据计算结果得到计算解的误差估计. 这正是当代科学计算领域后验误差估计和自适应算法思想的精髓.

3.2　刘徽不等式

为了说明 "割圆术" 确实可行, 刘徽接下来展开理论分析.

观察图 3.4 (另见彩图 15), 注意到面积关系式:

$$nBC \times AB = 2(S_{2n} - S_n).$$

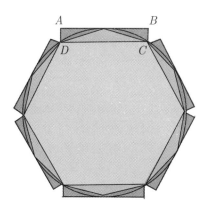

图 3.4　刘徽不等式证明示意图

记圆的面积为 S, 那么 $S_n + nBC \times AB$ 有超出圆面积的部分, 故

$$S_n + nBC \times AB > S,$$

即

$$S_n + 2(S_{2n} - S_n) > S,$$

改写一下,

$$S_{2n} + (S_{2n} - S_n) > S.$$

另外显然有 $S_{2n} < S$, 综合起来, 有刘徽不等式:

$$S_{2n} < S < S_{2n} + (S_{2n} - S_n).$$

这是刘徽 "割圆术" 的关键理论基础. $S_{2n} - S_n$ 称为 "差幂", 恰好是 S_{2n} 逼近 S 的误差的上界.

3.3 祖冲之和圆周率 π 的高效计算

祖冲之 (图 3.5), 子文远, 南北朝时期人 (429 — 500 年), 是我国杰出的数学家、科学家. 祖冲之祖籍范阳郡遒县 (今河北省涞水县), 为避战乱, 祖冲之的祖父祖昌由

河北迁至江南. 祖昌曾任刘宋的 "大匠卿", 掌管土木工程, 祖冲之的父亲也在朝中做官, 学识渊博. 祖家历代都对天文历法素有研究, 祖冲之从小就有机会接触天文、数学知识, 且勤奋好学, 天资聪慧, 为他今后成为伟大的科学家奠定了坚实的基础.

祖冲之的主要贡献在数学、天文历法和机械三方面. 在数学上, 祖冲之研究过《九章算术》和刘徽对其所做的注解, 给《九章算术》和刘徽的《海岛算经》作过注解. 他还著有《缀术》一书, 汇集了祖冲

图 3.5　祖冲之

之父子的数学研究成果. 这本书内容深奥, 以致 "学官莫能究其深奥, 故废而不理".《缀术》在唐代被收入《算经十书》, 成为唐代国子监算学课本. 当时学习《缀术》需要四年的时间, 可见《缀术》之艰深.《缀术》曾经传至朝鲜和日本, 但到北宋时这部书就已轶失. 人们只能通过其他文献了解祖冲之的部分工作: 在《隋书·律历志》中留有小段记载祖冲之关于圆周率的工作; 唐代李淳风在《九章算术》注文中记载了祖冲之和儿子祖暅求球体积的方法. 祖冲之还研究过 "开差幂" 和 "开差立" 问题, 涉及二次方程和三次方程的求根问题. 流传下来的祖冲之对数学的贡献主要有圆周率的计算结果和球体体积的计算公式. 为纪念祖冲之取得的伟大成绩, 人们将月球上的一座环形山命名为 "祖冲之环形山", 将编号为 1888 的小行星命名为 "祖冲之小行星".

现在来具体谈谈祖冲之在求圆周率 π 时所取得的成果. 在古书《隋书·律历志》中有这样一段文字记载: "宋末, 南徐州从事史祖冲之, 更开密法, 以圆径一亿为一丈, 圆周盈数三丈一尺四寸一分五厘九毫二秒七忽, 朒数三丈一尺四寸一分五

厘九毫二秒六忽, 正数在盈朒二限之间. 密率, 圆径一百一十三, 圆周三百五十五. 约率, 圆径七, 周二十二. " 按现在的话说, 祖冲之取得了以下两项成果:

1. $3.1415926 < \pi < 3.1415927$, 其中称 3.1415926 为朒率 (朒, 音 n ǜ, 意为欠缺、不足, 即不足的近似值), 称 3.1415927 为盈率 (即过剩的近似值);

2. 给出 π 的两个有理逼近, 即约率 $\dfrac{22}{7}$ (比较粗疏) 和密率 $\dfrac{355}{113}$ (比较精密).

这些成果是继刘徽 "割圆术" 之后中国传统数学的重要进展. 祖冲之说明了 π 在 3.1415926 与 3.1415927 之间. 该结果是如何得到的? 现存文献认为, 他是利用刘徽不等式

$$S_{2n} < S < S_{2n} + (S_{2n} - S_n)$$

算出的. 不过为了计算到小数点后 7 位, 需要求出圆内接正 12288 边形和正 24576 边形的面积. 整个过程不能出错一步, 否则误差就不在给定的范围内, 也就得不到想要的精度.

不仅如此, 他还给出了两个分数逼近, 其中密率 $\dfrac{355}{113} = 3.1415929\cdots$ 与圆周率 π 惊人地接近, 甚至在分母不超过 16000 的分数中, 它是最接近于 π 的分数. 这个匪夷所思的事实证明起来是意料之外的简单, 并不需要高深的数学知识, 由张景中院士在文献 [3] 的总序中给出, 兹复述如下:

根据 $\pi = 3.1415926535897\cdots$, 可得 $\left| \dfrac{355}{113} - \pi \right| < 0.00000026677$, 如果有个分数 $\dfrac{q}{p}$ 比 $\dfrac{355}{113}$ 更接近 π, 一定会有

$$\left| \frac{355}{113} - \frac{q}{p} \right| \leqslant \left| \frac{355}{113} - \pi \right| + \left| \pi - \frac{q}{p} \right| < 2 \times 0.00000026677.$$

也就是说,

$$\frac{|355p - 113q|}{113p} < 2 \times 0.00000026677.$$

由于 $|355p - 113q|$ 是正整数, 故大于或等于 1, 那么

$$\frac{1}{113p} < 2 \times 0.00000026677,$$

得

$$p > 16586.$$

后人为了纪念祖冲之, 提议将 $\dfrac{355}{113}$ 称为祖率. 祖冲之推算圆周率的方法, 记载在《缀术》一书中, 可惜书已失传.《隋书・律历志》中记载: "所著之书, 名为《缀术》, 学官莫能究其深奥, 是故废而不理. " 因此, 人们不知道祖冲之是如何计算的.

"割圆术" 这个方法的收敛速度是相当慢的, 而且要付出很大的代价才能得到

高精度的结果. 祖冲之能计算到小数点后 7 位简直是奇迹. 因此一个很自然的揣测是: 祖冲之是否使用了什么高效算法来计算圆周率 π?

3.4 调日术与 "约率" "密率" 的导出

我们还有一个重要疑问是: 祖冲之是怎么导出 "约率" 和 "密率" 的? 这里蕴涵着用有理数来逼近无理数的思想.

其实, 中国古代就有一种独特的分数近似法——调日术, 相传为何承天所创 [4]. 何承天 (370–447), 中国南北朝时期的数学家、天文学家、史学家、思想家. 他通览儒史百家、经史子集, 知识渊博, 精天文律历和计算. 他在 443 年提出元嘉历 (建元历), 即在农历的每 19 年之中, 置 7 个闰月. 这个历法从 445 年一直使用至 510 年, 才改用祖冲之提出的采用 391 年置 144 个闰月的大明历. 公元 400 年左右, 何承天还提出了历史上最早有记载的十二平均律. 所谓 "十二平均律", 是一种音乐定律方法, 即将一个八度平均分成十二份, 每等份称为半音, 也是最主要的调音法.

调日术最初产生于历法中朔望月小数部分的推算, 是一种系统地寻找精确分数以表示天文数据或数学常数的内插法. 据宋史卷七十四: "宋世何承天, 更以四十九分之二十六为强率, 十七分之九为弱率; 于强弱之际, 以求日法……自后治历者, 莫不因承天法, 累强弱之数. " 何承天在创编《元嘉历》(443 年) 时为了挑选适当的历取朔望月常数, 发明了所谓的 "调日法". 日法, 通常是指历法中各个常数的公分母, 有时候专指历取朔望月常数的分母. 调日法, 就是通过选择特别的自然数为日法, 以确定历法所应用的朔望月常数 [5].

现在, 我们将该算法用现代数学语言表述如下:

何承天算法

步 1 给定正实数 $\theta \in [\alpha, \beta]$, 其中 α 和 β 为两个正分数. 依据某种方法获得位于 α 和 β 之间的分数 γ, 则区间 $[\alpha, \beta]$ 被分成两个子区间 $[\alpha, \gamma]$ 和 $[\gamma, \beta]$. 重记那个包含 θ 的子区间为 $[\alpha, \beta]$.

步 2 重复以上过程直至获得具有逼近 θ 满意精度的分数 γ 为止.

在以上算法中, 如果已知 $\alpha = \dfrac{a}{b}, \beta = \dfrac{c}{d}$, 那么中间分数 γ 可取为 $\dfrac{a+c}{b+d}$. 该选取的合理性由以下结论保证.

定理 3.4.1(何承天不等式) 若 a, b, c, d 都是正整数, 且 $\dfrac{a}{b} < \dfrac{c}{d}$, 那么成立

$$\frac{a}{b} < \frac{a+c}{b+d} < \frac{c}{d}.$$

更一般地,

$$\frac{a}{b} < \frac{am+cn}{bm+dn} < \frac{c}{d},$$

式中 m 和 n 为任意正整数.

进一步分析易知, 如果将中间分数 γ 取为 $\dfrac{a+c}{b+d}$, 何承天算法的本质就是找合适的正整数 m 和 n, 使得 $\dfrac{am+cn}{bm+dn}$ 能很好地逼近正实数 θ.

举个例子. 在天文学中, "朔望月" 是指月球相继两次出现相同月相所经历的时间, 现测定为 29.530588 日, 其小数部分称为 "朔余". 现在要将朔余 0.530588 用分数来近似表示. 何承天取 $\dfrac{9}{17}$ 为弱率, 其稍小于 "朔余", 又取 $\dfrac{26}{49}$ 为强率, 其稍大于 "朔余". 于是, 我们现在就可以找这样的分数: $\dfrac{26+9}{49+17}$, 或更一般地, 将 $\dfrac{26}{49}$ 写成 $\dfrac{26m}{49m}$, $\dfrac{9}{17}$ 写成 $\dfrac{9n}{17n}$, 那么我们找到了一个分数

$$\frac{26m+9n}{49m+17n}.$$

这样就可以通过选取合适的 m 和 n 来得到对朔余的满意的分数逼近.

之后唐、宋时代的历算家将它推广为一种普遍的数学方法, 广泛应用于其他天文数据零数的计算.

在掌握了何承天算法后, 我们可以用它来导出 π 的 "约率" 和 "密率". 取 $\pi \in \left[\dfrac{3}{1}, \dfrac{4}{1}\right]$. 于是, 由 3.1415926 < π < 3.1415927, 可知

$$\frac{3}{1} < \pi < \frac{4}{1} \Rightarrow \gamma = \frac{7}{2} = 3.5, \quad \text{"强"};$$

$$\frac{3}{1} < \pi < \frac{7}{2} \Rightarrow \gamma = \frac{10}{3}, \quad \text{"强"};$$

······

$$\frac{3}{1} < \pi < \frac{3 \times 5 + 4}{1 \times 5 + 1} = \frac{19}{6} \Rightarrow \gamma = \frac{22}{7}, \quad \text{"强, 约率"};$$

$$\frac{3}{1} < \pi < \frac{22}{7} \Rightarrow \gamma = \frac{25}{8}, \quad \text{"弱"};$$

$$\frac{25}{8} < \pi < \frac{22}{7} \Rightarrow \gamma = \frac{47}{15}, \quad \text{"弱"};$$

······

$$\frac{25 + 14 \times 22}{8 + 14 \times 7} < \pi < \frac{22}{7} \Rightarrow \gamma = \frac{355}{113}, \quad \text{"密率"}.$$

在上文和后文中, "强" 表示逼近分数比欲逼近实数 (此处为 π) 大, 而 "弱" 表示逼近分数比欲逼近实数小.

我们来研究一下调日术的数学原理 [4]. 给定两个正分数 $\dfrac{q_1}{p_1}$ 和 $\dfrac{q_2}{p_2}$, $\dfrac{q_1}{p_1} < \dfrac{q_2}{p_2}$, 这里 p_1, p_2, q_1, q_2 都是正整数, 称两数的带权加成 (m 和 n 均为正整数)

$$H_n^m = \frac{p_2 m + p_1 n}{q_2 m + q_1 n}$$

为何承天数.

定理 3.4.2 对于分数 $\dfrac{p}{q}$, 存在与之相等的何承天数 H_n^m 的充要条件是

$$\frac{p_1}{q_1} < \frac{p}{q} < \frac{p_2}{q_2}.$$

证明 必要性显然, 来证充分性. 这只要能构造出 H_n^m 恰好是 $\dfrac{p_1}{q_1}$ 与 $\dfrac{p_2}{q_2}$ 之间的 $\dfrac{p}{q}$ 即可. 由 $\dfrac{p}{q} < \dfrac{p_2}{q_2}$, 可得 $p_2q - q_2p > 0$, 记 $n = p_2q - q_2p$; 由 $\dfrac{p_1}{q_1} < \dfrac{p}{q}$, 可得 $q_1p - p_1q > 0$, 记 $m = q_1p - p_1q$. 这样定义的 m, n 都是正整数, 于是 H_n^m 是有意义的, 且

$$H_n^m = \frac{p_2m + p_1n}{q_2m + q_1n} = \frac{p_2(q_1p - p_1q) + p_1(p_2q - q_2p)}{q_2(q_1p - p_1q) + q_1(p_2q - q_2p)} = \frac{p}{q}.$$

$\square$

利用以上结果和有理数在实数中的稠密性, 就能知道在 $\dfrac{p_1}{q_1}$ 与 $\dfrac{p_2}{q_2}$ 之间的任何实数, 都可以用何承天数 H_m^n 按任意精度来逼近.

何承天算法需要调节的次数可能较多, 下面我们来介绍一下闰周算法 [5]. 所谓 "闰周", 是早期历法中一个常见的常数. 它给出了回归年常数 T 与朔望月常数 B 之间的最小公倍数关系. 假设有一对正整数 (p, q), 其近似满足

$$p \text{个朔望月} = q \text{个回归年}.$$

这样一来, 在 q 个回归年中将恰好有 $p - 12q$ 个闰月, 于是我们就称 (p, q) 是这个回归年与朔望月常数的一个闰周. 例如, 19 年 7 闰可视为一个闰周, 即 19 个回归年等于 $19 \times 12 + 7 = 235$ 个朔望月. 闰周可以用来设置农历的闰年, 例如, $(235, 7)$ 意味着是 19 年 7 闰. 当然, 我们希望一个闰周设置尽量少的闰年, 闰周算法 [5] 可以达到这个目的. 下面用现代数学语言来描述该算法.

假定要逼近的实数 θ 位于两个分数 $\dfrac{p_1}{q_1}$ 与 $\dfrac{p_2}{q_2}$ 之间, 且 $\dfrac{p_2}{q_2}$ 比 $\dfrac{p_1}{q_1}$ 更接近 θ, 首先寻找实数 x, 使得

$$\theta = \frac{p_1 + p_2x}{q_1 + q_2x}.$$

经简单计算可知 $x = \dfrac{p_1 - q_1\theta}{q_2\theta - p_2}$. 再取 m 为最靠近 x 的一个非负整数, 则得有理数

$$\frac{p_1 + p_2m}{q_1 + q_2m},$$

它是逼近实数 θ 的一个很好的分数. 应该指出的是, 如果 θ 更靠近 $\dfrac{p_1}{q_1}$, 则应该寻找 x, 使得

$$\theta = \frac{p_1x + p_2}{q_1x + q_2},$$

再进行以上类似推导, 得到逼近分数.

下面以圆周率 π 的逼近过程来举例说明闰周算法的计算效果. π 位于 $\dfrac{3}{1}$ 与 $\dfrac{4}{1}$ 之间, $\dfrac{3}{1}$ 比 $\dfrac{4}{1}$ 更接近 π, 令 x 满足

$$\pi = \frac{4 + 3x}{1 + x},$$

解得

$$x = \frac{4 - \pi}{\pi - 3} = 6.0625\cdots \approx 6.$$

所以,

$$\frac{4 + 3 \times 6}{1 + 6} = \frac{22}{7}$$

是 π 的一个有理逼近. 接下来由 $\dfrac{3}{1} < \pi < \dfrac{22}{7}$, 令 y 满足

$$\pi = \frac{3 + 22y}{1 + 7y},$$

解得

$$y = \frac{\pi - 3}{22 - 7\pi} = 15.9965\cdots \approx 16.$$

于是得到有理逼近

$$\frac{3 + 22 \times 16}{1 + 7 \times 16} = \frac{355}{113}.$$

在本节最后, 我们给出利用何承天算法计算 π 的有理逼近的 MATLAB 程序, 该程序实际上可以计算任意无理数的有理逼近. 为了方便读者了解和应用 MATLAB 进行数值计算, 我们在本书的最后一章提供了 MATLAB 简介.

程序中以强、弱率之差小于 10^{-4} 作为停机准则. 程序中输入变量 $frac1$ 是初始弱率, $frac2$ 是初始强率, $exact$ 是精确值.

例 3.4.1　$frac1 = [3,1]$ 代表 3/1, $frac2 = [4,1]$ 代表 4/1, 精确值 $exact = \pi$, 则程序 HCT 会计算 π 的有理逼近.

```
function H=HCT(frac1,frac2,exact)
p=[];q=[];H=[];
p(1,:)=frac1;
q(1,:)=frac2;
err=q(1,1)/q(1,2)-p(1,1)/p(1,2);
i=1;
tol=10^-4;
while err>tol
    r=p(i,1)+q(i,1);
```

```
    s=p(i,2)+q(i,2);
    if r/s>exact
        p(i+1,:)=p(i,:);
        q(i+1,:)=[r,s];
    else
        p(i+1,:)=[r,s];
        q(i+1,:)=q(i,:);
    end
    H(i,:)=[r s];
    err=q(i+1,1)/q(i+1,2)-p(i+1,1)/p(i+1,2);
    i=i+1;
end
```

最后输出结果是矩阵 H, 列数为 2, 每一行第一个数是分子, 第二个数是分母.

```
H =

       7       2
      10       3
      13       4
      16       5
      19       6
      22       7
      25       8

      47      15
      69      22
      91      29
     113      36
     135      43
     157      50
     179      57
     201      64
     223      71
     245      78
     267      85
     289      92
     311      99
     333     106
     355     113
```

3.5 调日术在天文历算中的应用

本节所讨论的问题取自著名数学家华罗庚的著作 [6]. 华罗庚以连分数理论来展开分析, 现在我们换一个角度, 以何承天算法来作研究.

3.5.1 闰年的设置

考虑如下问题: 为何闰年的设置规则是 4 年 1 闰, 逢百年少 1 闰, 每四百年又要增 1 闰?

若地球绕太阳一周恰是 365 天, 那就无需设置闰年; 若地球绕太阳一周恰是 365.25 天, 那四年加一天的算法就很精确; 若地球绕太阳一周恰是 365.24 天, 那每百年需有 24 个闰年, 即 4 年 1 闰而百年少 1 闰. 但实际上, 地球绕太阳一周的时间是 365 天 5 小时 48 分 46 秒, 换算一下大约是 365.2422 天. 小数部分 0.2422 意味着每万年要多出 2422 天, 如果按照百年 24 闰来计只加了 2400 天, 少了 22 天. 而按照现在的历法, 每万年增加的天数是 $2500 - 100 + 25 = 2425$ 天, 仅相差大约三天, 这已经逼近得相当好了.

问题的关键是小数部分 0.2422 如何用分数来逼近? 我们使用何承天算法来计算一下. 由于 $0.2 < 0.2422 < 0.3$, 初始两个逼近分数选为 1/5 和 3/10. 使用已编制好的 MATLAB 程序, 输入:

```
>> HCT([1 5],[3 10],0.2422)
```

得到结果:

```
ans =

       4       15
       5       20
       6       25
      11       45
      17       70
      23       95
      40      165
      63      260
      86      355
     109      450
     132      545
```

即得到一系列逼近分数

$$\frac{4}{15},\ \frac{5}{20},\ \frac{6}{25},\ \frac{11}{45},\ \frac{17}{70},\ \frac{23}{95},\ \cdots$$

这些分数一个比一个精密. 第一个分数表示可以 15 年设 4 闰, 第二个分数表示 20 年设 5 闰, 即 4 年 1 闰, 如果要更精确一些, 可以 25 年设 6 闰, 即百年 24 闰, 还可以 45 年 11 闰, 70 年 17 闰, 95 年 23 闰, 等等.

虽然得到很多逼近分数, 但很多在使用上和记忆上都不方便. 第一个较为适宜的分数是 5/20, 即 1/4, 这是 4 年 1 闰的由来. 我们现在知道 6/25 的逼近效果更好, 即百年 24 闰. 如果按照 4 年 1 闰, 则百年 25 闰, 如果每逢百年扣除 1 闰, 即能达到百年 24 闰的目标, 这即是我们历法的来源.

但即使这样, 百年 24 闰是以 6/25, 即 0.24 来逼近 0.2422, 每年少加了约 0.0022 天, 别看这个数字小, 积少成多也不得了. 我们再次使用何承天算法来逼近 0.0022, 由于 0.002 < 0.0022 < 0.003, 两个初始分数选为 1/500 和 3/1000, 输入:

```
>> HCT([1 500],[3 1000],0.0022)
```

得结果

```
ans=
        4       1500
        5       2000
        6       2500
        7       3000
        8       3500
        9       4000
       10       4500
       11       5000
```

这表明, 可以每 1500 年补充 4 闰, 或者每 2000 年补充 5 闰, 或者每 2500 年补充 6 闰, 等等, 就能一定程度上弥补因设置百年 24 闰而造成的天数损失. 其中 2000 年 5 闰, 即 400 年 1 闰使用起来方便, 逼近效果又不错, 于是就用来作为我们现在的历法.

3.5.2 农历的大小月

我们再来看一个类似的问题, 也和历法有关. 农历中, 一个月开始于朔日子夜, 结束于下一个朔日子夜之前. 朔望月的长度大约在 29.27 至 29.83 日之间变动着, 一个朔望月平均为 29.530588 天 (29 天 12 小时 44 分 2.8 秒). 因此, 农历一个月是 29 日或 30 日, 有 30 日的月份称为大月, 有 29 日的月份称为小月. 那么问题是: 如何安排大小月?

我们要做的事情是用分数来逼近小数部分 0.530588. 由于 0.5 < 0.530588 < 0.6, 两个初始分数选为 1/2 和 3/5, 在 MATLAB 命令窗口中输入:

```
>> HCT([1 2],[3 5],0.530588)
```

得结果

```
ans =

     4       7
     5       9
     6      11
     7      13
     8      15
     9      17
    17      32
    26      49
    35      66
    61     115
    87     164
   113     213
```

可以看到, 何承天算法所选择的 9/17 和 26/49 在列表中. 这些逼近分数表明, 可以 7 个月 4 大 3 小, 或者 9 个月 5 大 4 小, 或者 11 个月 6 大 5 小, 等等.

早期, 采用平朔的方法确定朔日, 即经过长期观察, 确定一个朔望月长度, 然后选一个日月合朔的日期作为历元, 每经过一个月增加一个朔望月天数, 取整数部分即得朔日. 平朔规则下, 通常是大小月相间, 然后每经过 15 或 17 个月有一对大月相连. 平朔方法相当于选用了 8/15 或 9/17 来作为逼近分数. 近代采用实际天象数据确定朔日, 将太阳的黄经和月的黄经一致的当天作为每月的初一. 天文台运用天体运行规律和实际观测数据, 确定每个朔日的具体时间. 每个月起始于朔日子夜, 结束于下一个朔日子夜前. 定朔规则下, 各月大小排列并不固定.

3.5.3　日食、月食的规律

由于地球绕太阳和月亮绕地球的公转运动都有一定的规律, 因此日食和月食的发生也具有循环的周期性. 如何推测这个周期呢?

我们来介绍 “交点月” 这个概念. 我们知道地球的轨道在一个平面上, 称为黄道面, 而月亮的轨道并不在这个平面上, 这样月亮轨道平面和黄道面有交点. 具体地说, 月亮从地球轨道平面的这一侧穿到另一侧时有一个交点, 再从另一侧又穿回这一侧时又有一个交点, 其中一个在地球轨道圈内, 另一个在圈外. 月球回到相同的交点所需的时间称为交点月, 一个交点月平均为 27.212220 天 (27 天 5 小时 5 分 35.8 秒). 交点月在日、月食的预测上非常重要, 因为只有当太阳、月球和地球在同一条直线上时, 才能发生日、月食.

由于三点在一直线上, 因此月亮一定在地球轨道平面上, 也就是月亮在交点上; 同时也是月亮全黑的时候, 也就是朔. 从这样的位置再回到同样的位置必需要有两个条件: 从一交点到同一交点 (这和交点月有关), 从朔到朔 (这和朔望月有关). 现在我们来求交点月和朔望月的比, 有

$$\frac{27.212220}{29.530588} \approx 0.9215.$$

使用何承天算法来计算逼近分数, 两个初始分数选为 9/10 和 1/1, 在 MATLAB 命令窗口中输入:

```
>> HCT([9 10],[1 1],27.212220/29.530588)
```

得结果

```
ans =

    10    11
    11    12
    12    13
    23    25
    35    38
    47    51
    82    89
   129   140
   176   191
   223   242
```

最后一个逼近分数是 223/242, 也就是说, 经过 242 个交点月或 223 个朔望月后, 太阳、月亮和地球又差不多回到了原来的相对位置. 223 个朔望月约等于 6585 天, 这段时间里可能有 4 个闰年或 5 个闰年, 若有 4 个闰年, 则 6585 天等于 18 年零 11 天, 若有 5 个闰年, 则 6585 天等于 18 年零 10 天.

应当注意的是不一定这三个天体的中心在一直线上时才出现日食或月食, 稍偏一些也会发生, 因此在 223 个朔望月中会发生好多次日食和月食. 虽然相邻两次日食 (或月食) 的间隔时间并不固定, 但经过 223 个朔望月后, 由于这三个天体又回到了原来的相对位置, 因此会出现同上一次情况类似的日、月食现象.

早在古代, 巴比伦人根据对日食和月食的长期统计, 发现了日食和月食的发生有一个 223 个朔望月的周期. 这个 223 个朔望月的周期便被称为 "沙罗周期", "沙

罗" 是重复的意思. 在我国汉代也发现日、月食具有一个 135 个朔望月的周期, 这个循环周期记载在汉代的 "三统历" 中, 因此也称为 "三统历周期".

值得一提的是, 依据我们这里所讲的内容, 只能粗略推算日、月食发生的日期, 并不能确定日、月食发生的准确时刻.

3.5.4 火星大冲

我们知道地球和火星差不多在同一平面上围绕太阳旋转, 火星轨道在地球轨道之外. 当太阳、地球和火星在一直线上并且地球在太阳和火星之间时, 这种现象称为 "冲". 在冲时地球和火星的距离比冲之前和冲之后的距离都小, 因此便于观察. 地球轨道和火星轨道之间的距离是有远有近的. 在地球轨道和火星轨道最接近处发生的冲叫 "大冲".

怎么来测算火星大冲的周期? 火星绕日一周需 687 天, 地球绕日一周按小数表示需 365.2422 天, 将它们的比用分数来逼近, 在 MATLAB 的命令窗口中输入:

```
>> HCT([1 2],[3 5],365.2422/687)
```

得结果

```
ans =

      4      7
      5      9
      6     11
      7     13
      8     15
      9     17
     17     32
     25     47
     42     79
     67    126
    109    205
```

第一个逼近分数是 4/7, 它说明地球绕日 7 圈和火星绕日 4 圈的时间差不多, 也就是说大约 7 年后火星和地球差不多回到了原来的位置, 但这是很粗略的结果, 后面的分数会精确一些.

3.6 思考与超越: 计算 π 的高效算法——外推法

先来回忆一下刘徽计算圆周率 π 的思想. 实际上, 他是将单位圆的面积 π 用圆内接正多边形的面积来逼近以获得 π 的近似值. 前已证明, 单位圆内接正 $2n$ 边形

的面积为

$$S_{2n} = \frac{1}{2}na_n,\tag{3.6.1}$$

式中 a_n 表示单位圆内接正 n 边形的边长. 因此, 如何计算 a_n 是算法实施的关键. 很幸运的是, 刘徽巧妙地利用几何关系, 得到如下递推关系:

$$a_6 = 1,$$

$$a_{2n} = \sqrt{2 - \sqrt{4 - a_n^2}}, \quad n = 3 \cdot 2^m, \ m = 1, 2, \cdots,\tag{3.6.2}$$

从而使得 "割圆术" 得以实算. 记

$$\pi_n = S_{2n},$$

表示 π 的近似值. 借助 MATLAB 编制如下小程序得计算结果:

```
a=1;n=6; m=6;Pi=zeros(m,1); for i=1:m
    Pi(i)=n*a/2;
    a=sqrt(2-sqrt(4-a*a));
    n=2*n;
end
```

我们将结果在表 3.6.1 中列出.

表 3.6.1　用 "割圆术" 获得 π 的近似值

n	π_n
6	3.000000000000000
12	3.105828541230250
24	3.132628613281237
48	3.139350203046872
96	3.141031950890530
192	3.141452472285344

从表 3.6.1 中可以看出, 当 $n = 192$ 时, 计算的是正 384 边形的面积, 得到的近似值 3.141452472 仅有三位小数精确. 我们之前说过, 刘徽曾算过正 192 边形的面积的近似值 3.14, 一再声明太小, 进一步算到正 3072 边形的面积, 此时得到的近似值也仅有四位小数精确.

可以看到, 这个过程当然可以继续算下去, 不过能够想见, 进展会相当缓慢. 可是, 祖冲之算到 π 在 3.1415926 和 3.1415927 之间, 实在是不可思议, 因为小数点每前进一位, 都要付出巨大的代价, 他居然算到了第七位!

人们在惊叹祖冲之的惊人毅力之余不禁揣测: 他是不是另有什么更快的算法呢?

由于祖冲之父子的著作《缀术》已经失传, 我们只能对祖冲之使用什么精妙算法获得 π 的高精度近似值做个猜测. 为此, 我们回过头来重新看看面积 S_n 的计算过程. 将正 n 边形分割成 n 个全等的等腰三角形, 其腰等于单位圆的半径, 其顶角是 $2\pi/n$, 那么

$$S_n = n\left(\frac{1}{2} \cdot 1 \cdot 1 \cdot \sin\frac{2\pi}{n}\right) = \frac{1}{2}n\sin\frac{2\pi}{n}.$$

将 n 用 $2n$ 替换之, 有

$$S_{2n} = n\sin\frac{\pi}{n}.$$

联系到极限关系

$$\lim_{n\to\infty} n\sin\frac{\pi}{n} = \pi.$$

我们可知刘徽实际是用序列 $\left\{n\sin\frac{\pi}{n}\right\}$ 来逼近 π, 且为了能递推计算, 特选取该序列的一个子列

$$\left\{3\cdot 2^m \sin\frac{\pi}{3\cdot 2^m}\right\}_{m=1}^{\infty}$$

来具体实现这个目标.

如果孤立地看待计算正 $2n$ 边形面积所得的 π 的近似值 π_n, 那么不可能得到更好的算法, 那能否像刘徽不等式那样对这组数据进行后处理呢? 接下来要介绍的外推法就是从这个思想出发推导出来的, 从而大大提高了计算 π 的近似值的效率 [7]. 该方法操作起来不难, 将两个相邻结果 π_n 和 π_{2n} 做如下线性组合:

$$\frac{1}{3}(4\pi_{2n} - \pi_n),$$

并记这些值为 $E(\pi_n)$. 我们将用 $E(\pi_n)$ 来计算 π 的近似值. 相应的 MATLAB 程序给出如下:

```
a=1;n=6; m=6;Pi=zeros(m); for i=1:m
    Pi(i,1)=n*a/2;
    a=sqrt(2-sqrt(4-a*a));
    n=2*n;
end c=4; for i=2:m
    Pi(i:m,i)=(c*Pi(i:m,i-1)-Pi(i-1:m-1,i-1))/(c-1);
    c=4*c;
end
```

表 3.6.2 列出了部分计算结果, 可以看到这些值逼近 π 的速度比原先快很多.

表 3.6.2   用 $E(\pi_n)$ 获得 π 的近似值

n	π_n	$E(\pi_n)$
6	3.000000000000000	
12	3.105828541230250	3.141104721640333
24	3.132628613281237	3.141561970631566
48	3.139350203046872	3.141590732968750
96	3.141031950890530	3.141592533505083
192	3.14152472285344	3.141592646083616

这个方法称为外推法, 如此命名的原因是它将相邻的近似值连线后向外延长. 对于两个近似值 a 和 b, 外推的值

$$\frac{1}{3}(4b - a) = b + \frac{1}{3}(b - a)$$

所在位置在图 3.6 中标出, 它位于 a, b 连线向外延长 1/3 处.

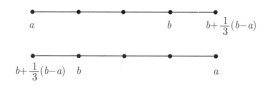

图 3.6   外推

事实上, 对于任意的正数 k,

$$(1 + k)b - ka$$

都可作为 a, b 的外推, 它位于 a, b 连线向外延长 k 倍处. 刚才计算时选择 $k = 1/3$ 是有理由的, 我们稍后说明.

另外值得一提的是, 与外推 (extrapolation) 相对应的是插值 (interpolation), 给定一个小于 1 的正数 k, 近似值 a, b 的插值就是

$$(1 - k)b + ka,$$

该值位于 a, b 连线之中.

如果已知两个近似值, 想要通过一些简单的后处理来获得新的近似值, 就无非插值与外推两种手段.

我们可以继续用 $E(\pi_n)$ 和 $E(\pi_{2n})$ 做外推而得计算公式

$$E^2(\pi_n) = \frac{1}{15}(16E(\pi_{2n}) - E(\pi_n)).$$

此处, 外推常数选择为 1/15, 也就是将两点连接后向外延长 1/15 作为新的近似值.

计算结果在表 3.6.3 中列出, 从表中我们可以发现, 用 $n = 96, 192$ 一次外推得到的 π 的近似值 3.141592646083616 已精确到小数点后第七位, 而用 $n = 12, 24, 48$ 经二次外推算出的结果 3.141592650457896 精确到了小数点后第八位. 因此, 二次外推加速效果更加明显.

表 3.6.3　π 的近似值

n	π_n	$E(\pi_n)$	$E^2(\pi_n)$
6	3.000000000000000		
12	3.105828541230250	3.141104721640333	
24	3.132628613281237	3.141561970631566	3.141592453897649
48	3.139350203046872	3.141590732968750	3.141592650457896
96	3.141031950890530	3.141592533505083	3.141592653540838
192	3.141452472285344	3.141592646083616	3.141592653588852

现在我们来看看, 如果用正多边形去硬算, 要达到祖冲之的结果, 也就是精确到小数点后第 7 位, 那需要多少边的正多边形呢?

可以估算一下. 根据刘徽不等式

$$S_{2n} < S < S_{2n} + (S_{2n} - S_n),$$

可知 "差幂" $S_{2n} - S_n$ 能用来控制误差, 如果要精确到小数点后七位, 那么

$$S_{2n} - S_n < 10^{-7}.$$

已知

$$S_{2n} = n \sin \frac{\pi}{n},$$

取 $n = 3 \cdot 2^m$, 则

$$S_{2n} - S_n = 3 \cdot 2^{m-1} \left(2 \sin \frac{\pi}{3 \cdot 2^m} - \sin \frac{\pi}{3 \cdot 2^{m-1}} \right).$$

令 $m = 12$, 上式的近似值是 1.03×10^{-7}, 虽说不是严格小于 10^{-7}, 但差不多达到了所要的精度, 此时要计算正 $3 \times 2^{12} = 12288$ 边形. 当然如果进一步取 $m = 13$, 此时的差幂近似值是 2.57×10^{-8}, 已经严格小于 10^{-7} 了. 因此我们推测, 为了得到 π 在 3.1415926 和 3.1415927 之间, 祖冲之需要算到正 12288 和正 24576 边形. 这样我们就可以体会到, 使用外推法所节省的工作量是巨大的!

到这里, 读者自然会好奇, 为什么外推法会如此有效呢? 下面我们来说明一下这个问题, 这时要用到一些微积分的简单知识 [8].

我们知道 π_n 有这样一个表达式:

$$\pi_n = n\sin(\frac{\pi}{n}).$$

那么利用泰勒 (Taylor) 公式来展开可得

$$\pi_n = \pi - \frac{\pi^3}{3!}\left(\frac{1}{n}\right)^2 + \frac{\pi^5}{5!}\left(\frac{1}{n}\right)^4 - \frac{\pi^7}{7!}\left(\frac{1}{n}\right)^6 + \cdots. \tag{3.6.3}$$

这表明, π_n 的逼近阶是 $\frac{1}{n^2}$, π 是 π_n 的上界.

如果边数加倍可得

$$\pi_{2n} = \pi - \frac{\pi^3}{3!}\left(\frac{1}{2n}\right)^2 + \frac{\pi^5}{5!}\left(\frac{1}{2n}\right)^4 - \frac{\pi^7}{7!}\left(\frac{1}{2n}\right)^6 + \cdots. \tag{3.6.4}$$

将 (3.6.4) 式乘以 4 再减去 (3.6.3) 式, 可以消去主项 $\frac{1}{n^2}$, 剩下的项从 $\frac{1}{n^4}$ 开始, 即

$$E(\pi_n) = \pi - \frac{1}{4}\frac{\pi^5}{5!}\left(\frac{1}{n}\right)^4 + \frac{5}{16}\frac{\pi^7}{7!}\left(\frac{1}{n}\right)^6 + \cdots.$$

此时的逼近阶为 $\frac{1}{n^4}$, 比原先高了两阶, 收敛速度自然是快多了. 另外, 经外推后, π 仍然是该序列的上界.

自然我们可以继续该推导思路, 消去 $E(\pi_n)$ 展开式的主项 $\frac{1}{n^4}$, 得到二次外推 $E^2(\pi^2)$, 其逼近阶为 $\frac{1}{n^6}$, 又提升了两阶. 实际上, 这个过程可以无限进行下去.

我们也可以这样考虑, 用 "割圆术" 算出的近似值都是小于 π 的, 如果对两个近似值进行插值, 那插值的结果仍在两个近似值之间, 得不到更好的结果, 于是我们就要将两个近似值连线后延长, 精确的 π 位于延长线上, 用外推可能会有更好的结果. 那么如何确定外推的系数以达到最好的效果呢? 简单计算一下, 有

$$(1+k)\pi_{2n} - k\pi_n = \pi - \frac{\pi^3}{3!}\left(\frac{k+1}{4} - k\right)\left(\frac{1}{n}\right)^2 + \cdots.$$

令

$$\frac{1+k}{4} - k = 0,$$

即 $k = 1/3$, 此时可以消除主项, 提高收敛阶, 这是一个最优的选择.

由于外推算法仍然立足于简单的逼近法 (并没有将方法复杂化), 计算量小且具有高精度, 因此, 该方法应是一种高效率的算法. 现在留下的悬案是祖冲之是否是利用外推方法计算圆周率 π 的近似值的.

正如林群院士指出的 [7], 这种高效率的算法也可以推广到数值积分和求解微分方程上. 我们也是先做一次 "正 n 边形" 的算法, 然后再做一次 "正 $2n$ 边形" 的算法, 将两者外推后, 便得出一个更快的算法. 所以数据后处理技巧往往能导出高效的算法, 这是令人关注的思想方法.

3.7　思考与超越: 缀术求 π 的猜测

中国学者查有梁在他的 "缀术求 π 新解"[9] 一文中认为, 祖冲之的缀术即补缀之术, 具体来说, 其核心思想是建立如下不等式:

$$S_{2n} + \alpha(S_{2n} - S_n) < S < S_{2n} + \beta(S_{2n} - S_n),$$

式中 α 和 β 是两个常数. 若 $\alpha = 0, \beta = 1$, 则上述不等式恰为刘徽不等式. 查有梁解出 $\alpha = 1/3, \beta = 6/17$, 即建立了如下不等式:

$$S_{2n} + \frac{1}{3}(S_{2n} - S_n) < S < S_{2n} + \frac{6}{17}(S_{2n} - S_n).$$

他称之为祖冲之不等式, 这倒不一定是祖冲之当初发现的, 只是这样命名罢了. 记 $\Delta S = S_{2n} - S_n$, 我们看到不等式左端补缀上了 $1/3\Delta S$, 右端补缀上了 $6/17\Delta S$, 实质上是外推法, α 与 β 是外推系数. 下面对此工作作一介绍.

钱宝琮在解释《九章算术注》上的一段话时, 提出了

$$S \approx S_{192} + \frac{S_{192} - S_{12}}{S_{12} - S_6}(S_{192} - S_{96}) \approx 314\frac{64}{625} + 0.3508 \times \frac{105}{625} \approx 314\frac{4}{25}.$$

以上假设圆的半径为一尺, 上述面积的单位是平方寸. 那么,

$$\pi \approx 314\frac{4}{25}/100 = \frac{3927}{1250} = 3.1416.$$

这样得到的 3.1416 是一个较好的近似.

我们将祖冲之不等式变形为

$$\alpha < \frac{S - S_{2n}}{S_{2n} - S_n} < \beta.$$

S 的精确值并不知道, 但可以用 S_{192} 或 3.1416 来做替代, 其中 3.1416 是比 S_{192} 更好的近似. 利用何承天算法计算

$$\frac{S_{192} - S_{12}}{S_{12} - S_6} \approx 0.3508$$

和

$$\frac{3.1416 - S_{12}}{S_{12} - S_6} \approx 0.3525$$

的分数逼近, 两者的初始逼近分数均选为 1/3 和 1/2, 得到两个序列:

$$\frac{1}{3}(\text{弱}), \frac{2}{5}(\text{强}), \frac{3}{8}(\text{强}), \frac{4}{11}(\text{强}), \frac{5}{14}(\text{强}), \frac{6}{17}(\text{强}), \frac{7}{20}(\text{弱}), \frac{13}{37}(\text{强}), \frac{20}{57}(\text{强}), \cdots$$

和

$$\frac{1}{3}(\text{弱}), \frac{2}{5}(\text{强}), \frac{3}{8}(\text{强}), \frac{4}{11}(\text{强}), \frac{5}{14}(\text{强}), \frac{6}{17}(\text{强}), \frac{7}{20}(\text{弱}), \frac{13}{37}(\text{弱}), \frac{19}{54}(\text{弱}), \cdots$$

取共同的不足近似 1/3 和过剩近似 6/17, 即 $\alpha = 1/3, \beta = 6/17$, 计算正 3072 边形和正 1536 边形的面积, 有

$$S_{3072} + \frac{1}{3}(S_{3072} - S_{1536}) \approx 3.1415926,$$

$$S_{3072} + \frac{6}{17}(S_{3072} - S_{1536}) \approx 3.1415927.$$

亦可计算

$$\frac{3.1416 - S_{12}}{S_{12} - S_6}, \quad \frac{3.1416 - S_{24}}{S_{24} - S_{12}}, \quad \frac{3.1416 - S_{48}}{S_{48} - S_{24}}, \quad \frac{3.1416 - S_{96}}{S_{96} - S_{48}}, \quad \frac{3.1416 - S_{192}}{S_{192} - S_{96}}$$

的有理逼近, 可以得出 $\alpha = 1/3, \beta = 17/50$, 同样算得

$$3.1415926 < \pi < 3.1415927.$$

在文献 [10] 中, 也有一个祖冲之不等式, 形式如下: 假设 n 是大于等于 6 的偶数, 则

$$\frac{4}{3}S_{2n} - \frac{1}{3}S_n < \pi < \frac{8}{3}S_{2n} - 2S_n + \frac{1}{3}S_{n/2}.$$

具体证明不在此转述. 上述不等式左端可改写为

$$S_{2n} + \frac{1}{3}(S_{2n} - S_n),$$

即做了一次外推; 右端可改写为

$$(2S_{2n} - S_n) + \frac{1}{3}[(2S_{2n} - S_n) - (2S_n - S_{n/2})],$$

即对刘徽不等式右端项 $2S_{2n} - S_n$ 做了一次外推. 因此, 这个祖冲之不等式是将刘徽不等式的上下界各做一次外推得出的. 实际计算得到

$$\frac{4}{3}S_{192} - \frac{1}{3}S_{96} = 3.14159265\cdots,$$

$$\frac{8}{3}S_{192} - 2S_{96} + \frac{1}{3}S_{48} = 3.14159266\cdots.$$

于是也有

$$3.1415926 < \pi < 3.1415927.$$

思考与练习 3.7.1

1. 利用三角函数知识用现代数学语言描述刘徽不等式并给出分析证明.

2. 试用何承天算法求 $\sqrt{2}$ 的有理逼近 (精确到 0.001).

3. (1) 设 $x_0, x_1, \cdots, x_n$ 是区间 $[0,1)$ 中的 $n+1$ 个实数. 证明: 其中必有两个数 x_k 和 x_l 满足

$$|x_k - x_l| \leqslant \frac{1}{n}.$$

(2) 给定一个正实数 α, 证明: 对任意正整数 n, 必存在两个正整数 p 和 q, 使得

$$\left| \alpha - \frac{p}{q} \right| \leqslant \frac{1}{nq},$$

式中的 q 还满足 $0 < q \leqslant n$.

4. 判断是否可以从圆内接正四边形开始计算 π 的近似值, 并给出计算过程.

5. 判断能否利用圆外接正多边形来计算 π 的近似值, 并给出计算过程.

6. 在对 π 的数值求解时, 一次外推公式是

$$E(\pi_n) = \frac{1}{3}(4\pi_{2n} - \pi_n),$$

而二次外推公式是

$$E^2(\pi_n) = \frac{1}{15}(16E(\pi_{2n}) - E(\pi_n)).$$

请参照一次外推公式的推导办法导出二次外推公式.

7. 我们知道第二重要极限式

$$\lim_{n \to \infty} \left(1 + \frac{1}{n} \right)^n = \mathrm{e}.$$

但是如果直接计算数列

$$\mathrm{e}_n = \left(1 + \frac{1}{n} \right)^n, \quad n = 1, 2, \cdots$$

作为 e 的近似值, 发现收敛速度太慢. 能否使用外推法加速呢?

8. 在文献 [9] 中通过数字分析, 给出了如下 "缀术不等式":

$$S_{2n} + \frac{1}{3}(S_{2n} - S_n) < S < S_{2n} + \frac{6}{17}(S_{2n} - S_n).$$

试验证该结果的正确性. 如正确, 请给出证明; 如不正确, 请给出反例说明.

参考文献

[1] 解恩泽, 许本顺. 世界数学家思想方法 [M]. 济南: 山东教育出版社, 1993.

[2] 白尚恕. 中国数学史大系: 第 3 卷 [M]. 北京: 北京师范大学出版社, 1998.

[3] 王树禾. 数学演义 [M]. 北京: 科学出版社, 2004.

[4] 李继闵. 算法的源流: 东方古典数学的特征 [M]. 北京: 科学出版社, 2007.

[5] 曲安京. 祖冲之是如何得到圆周率 $\pi = 335/113$ 的? [J]. 自然辩证法通讯, 2002, 24(3): 72-77.

[6] 华罗庚. 从孙子的神奇妙算谈起: 数学大师华罗庚献给中学生的礼物 [M]. 北京: 中国少年儿童出版社, 2006.

[7] 林群. 微分方程与三角测量 [M]. 北京: 清华大学出版社, 2005.

[8] 华罗庚. 高等数学引论: 第一册 [M]. 北京: 高等教育出版社, 2009.

[9] 查有梁. 缀术求 π 新解 [J]. 大自然探索, 1986, 5(18): 133-140.

[10] 虞言林, 虞琪. 数学小丛书 17: 祖冲之算 π 之谜 [M]. 北京: 科学出版社, 2002.

第4章

杨辉三角形与数列求和

4.1　杨辉三角形与二项式定理

　　杨辉 (约 1238 一约 1298 年), 字谦光, 钱塘 (今浙江杭州) 人, 是南宋杰出的数学家. 他著有《详解九章算法》12 卷、《日用算法》2 卷、《乘除通变算宝》3 卷、《田亩比类乘除捷法》2 卷、《续古摘奇算法》2 卷共五种 21 卷数学书. 杨辉在著作中收录了不少现已失传的、古代各类数学著作中很有价值的算题和算法, 保存了许多十分宝贵的宋代数学史料. 他对任意高次幂的开方计算、二项展开式、高次方程的求解、高阶等差级数、纵横图等问题都有精到的研究. 杨辉更对于垛积问题 (高阶等差级数) 及幻方、幻圆作过详细的研究.

　　在《乘除通变算宝》中, 杨辉创立了 "九归" 口诀, 介绍了筹算乘除的各种速算法. 这在中国数学史上占有重要的地位. 在《续古摘奇算法》中, 杨辉列出了各式各样的纵横图 (幻方), 它是宋代研究幻方和幻圆最重要的著作. 杨辉对中国古代的幻方不仅有深刻研究, 而且还创造了一个名为 "攒九图" 的四阶同心幻圆和多个连环幻圆.

　　1261 年, 杨辉在其著作《详解九章算术》中绘制了一张 "古法七乘方图", 见图 4.1, 这就是 "杨辉三角". 他在著作中讨论了这种形式的数表, 并说明此表引自贾宪的《释锁算术》, 故 "杨辉三角" 又名 "贾宪三角". 这比欧洲 17 世纪同类型的研究 "帕斯卡三角形" 早了差不多五百年. 该三角形由正整数构成, 数字左右对称, 可生成无穷层. 第 n 行有 n 个数字, 每一行从 1 开始, 以 1 结束, 其他的数是其最接近的左上方与右上方两数之和.

　　可以知道, 第 n 层的数字为

$$1, \quad C_{n-1}^1, \quad C_{n-1}^2, \quad \cdots, \quad C_{n-1}^{n-2}, \quad 1,$$

恰好是二项式

$$(a+b)^{n-1}$$

展开式的系数, 这是我们熟知的二项式定理.

有一个有趣的现象, 11^n 恰好是杨辉三角第 $n+1$ 行数字的顺次排列. 例如, $11^2 = 121$ 恰好是第三行的数字 $1, 2, 1$ 的排列, 而 $11^3 = 1331, 11^4 = 14641, \cdots$. 这一点可以用二项式定理来证明.

杨辉三角还有其他的性质, 如第 $n+1$ 层之和为 2^n, 即

$$C_n^0 + C_n^1 + \cdots + C_n^n = 2^n.$$

这可以看成二项式定理的简单推论.

此外, 从杨辉三角的构成法则上来说, 有

$$C_{n-1}^{r-1} + C_{n-1}^r = C_n^r. \tag{4.1.1}$$

此式叫作杨辉恒等式. 这是一个至关重要的关系式, 每一个数是其两 "肩" 上的数之和, 该式可以破解一些数列求和问题, 我们接下来就会讲到.

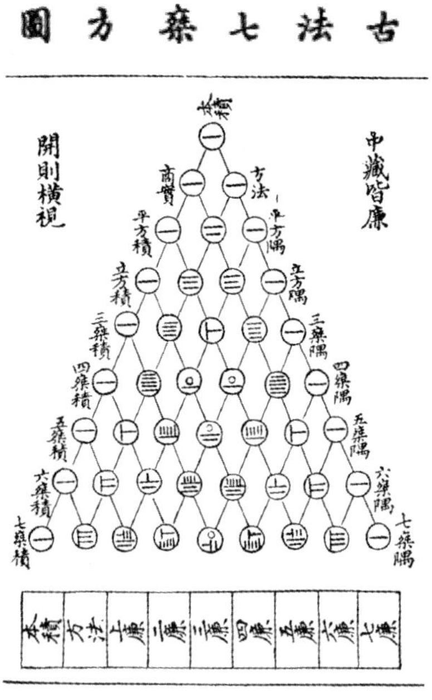

图 4.1 古法七乘方图 (杨辉三角)

4.2 沈括与堆垛术

沈括 (1031 − 1095 年), 中国北宋科学家, 杭州钱塘县 (今浙江省杭州市) 人. 沈括生于官宦之家, 父亲沈周和祖父曾任大理寺丞, 外公许仲容曾任太子洗马, 舅

舅许洞是咸平三年（1000 年）进士. 沈括在物理学、数学、天文学、地学、生物医学等方面都有重要的成就和贡献, 在化学、工程技术等方面也有相当的成就. 此外, 沈括在文学、音乐、艺术、史学等方面都有一定的造诣, 而他突出的成就主要集中在《梦溪笔谈》中, 英国科学史家李约瑟称其为 "中国科学史上的坐标". 《宋史·沈括传》中称他 "博学善文, 于天文、方志、律历、音乐、医药、卜算无所不通, 皆有所论著".

在数学方面, 他创立了 "隙积术" 和 "会圆术". "隙积术" 是用来处理堆垛问题的, 而 "会圆术" 是用来计算弓形弧长的. 下面我们就来介绍一下堆垛问题.

所谓的堆垛问题就是计算总数, 我们来举几个例子.

杨辉提出过如下问题: 将圆弹珠堆成三角垛, 底层是边长为 n 的正三角形, 向上逐层每边少 1 个, 顶层是一个, 求总数. 这实际上是求和:

$$1 + (1 + 2) + (1 + 2 + 3) + \cdots + (1 + 2 + \cdots + n).$$

再如沈括自己的一个例子: 酒店里将酒坛层层堆积, 底层排成一长方形, 以后每上一层, 长和宽两边的坛子各少一个, 这样堆成一个长方台形, 见图 4.2, 求酒坛的总数.

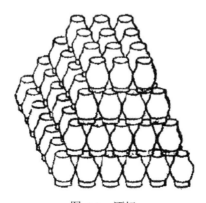

图 4.2　酒坛

假设顶层的长和宽分别置有 a 和 b 个酒坛, 总共有 n 层, 那么我们所求的酒坛总数是

$$ab + (a + 1)(b + 1) + (a + 2)(b + 2) + \cdots + (a + (n - 1))(b + (n - 1)).$$

沈括在堆垛术的基础上进一步发展出了 "隙积术", 他是要处理如下的一个计算长方台形垛积的问题. 见图 4.3, 这是一个层层堆积起来的土台. 最开始, 也就是顶上的一层长方体的长设为 a, 宽设为 b, 高设为 1. 之后每增加一层, 其长与宽都

增加 1, 而高度始终不变, 到最后第 n 层长方体假设其长为 A, 宽为 B. 土台的体积也就是如下的一个数列求和:

$$ab + (a+1)(b+1) + (a+2)(b+2) + \cdots + AB, \tag{4.2.1}$$

其中 $A = a + (n-1)$, $B = b + (n-1)$. 可以看出, 该表达式和计算酒坛总数的表达式是一致的, 是同一个数列的求和. 这两个问题都来自于社会生产实践, 沈括将其放在一起研究. 修建水利和军事工程, 那层层堰坝就是层台的现实原型, 而计算土方用料, 就是堆垛问题的实际来源 [1].

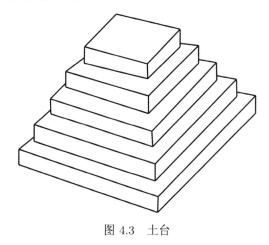

图 4.3　土台

如果考虑一种特殊情况, 我们在式 (4.2.1) 中令 $a = b = 0$, 那么我们所要求的是如下形式的数列和:

$$1^2 + 2^2 + \cdots + n^2.$$

也就是说, 我们要计算前 n 个正整数的平方和, 这是一个经典的问题.

我们在下一节就来讲讲这个问题, 实际上它和杨辉三角之间有一些有趣的联系.

4.3　杨辉三角在数列求和中的应用

本节来讨论一下上文提出的数列求和问题.

我们可以从杨辉三角中得到一些结论:

$$1 + 1 + \cdots + 1 = n, \tag{4.3.1}$$

$$1 + 2 + \cdots + (n-1) = \frac{1}{2}n(n-1), \tag{4.3.2}$$

$$1 + 3 + 6 + \cdots + \frac{1}{2}(n-1)(n-2) = \frac{1}{6}n(n-1)(n-2), \tag{4.3.3}$$

$$1 + 4 + 10 + \cdots + \frac{1}{6}(n-1)(n-2)(n-3) = \frac{1}{24}n(n-1)(n-2)(n-3). \tag{4.3.4}$$

第一个结论很容易, 第二个结论我们也很熟悉, 后面两个是怎么来的呢?

观察杨辉三角 (见图 4.1) 可以发现, 从顶点至左下角的一条斜线上的数字全是 1, 这些为式 (4.3.1) 中的加数. 而与之平行的次斜线上的数字为 $1, 2, \cdots$, 这些为式 (4.3.2) 中的加数. 再下来的一条斜线上的数字为 $1, 3, 6, \cdots$, 这些为式 (4.3.3) 中的加数. 而 (4.3.4) 中的加数 $1, 4, 10, \cdots$ 就紧接着在下一条平行的斜线上.

至于如何求和, 这就要利用杨辉三角的一个重要性质, 这在前面也提到过, 也就是除去两腰上的数字 1, 其他任意一个数都是其两肩上的数字之和. 如果要写成算式, 那就是杨辉恒等式:

$$C_{n-1}^{r-1} + C_{n-1}^{r} = C_n^r.$$

我们知道杨辉三角中的数也是二项式展开后的系数, 那么我们将式 (4.3.3) 中的数字全换成组合数, 就可以完成计算:

$$\begin{aligned}
&1 + 3 + 6 + \cdots + \frac{1}{2}(n-1)(n-2)\\
=&C_2^2 + C_3^2 + C_4^2 + \cdots + C_{n-1}^2\\
=&C_3^3 + C_3^2 + C_4^2 + \cdots + C_{n-1}^2\\
=&C_4^3 + C_4^2 + \cdots + C_{n-1}^2\\
=&C_5^3 + \cdots + C_{n-1}^2\\
=&\cdots = C_n^3\\
=&\frac{1}{6}n(n-1)(n-2).
\end{aligned}$$

式 (4.3.4) 的证明是类似的. 通过反复应用 $C_{n-1}^{r-1} + C_{n-1}^{r} = C_n^r$, 可以证明更一般的公式:

$$C_r^r + C_{r+1}^r + C_{r+2}^r + \cdots + C_{n-1}^r = C_n^{r+1}, \quad n > r. \tag{4.3.5}$$

实际上,

$$\begin{aligned}
&C_r^r + C_{r+1}^r + C_{r+2}^r + \cdots + C_{n-1}^r\\
=&C_{r+1}^{r+1} + C_{r+1}^r + C_{r+2}^r + \cdots + C_{n-1}^r\\
=&C_{r+2}^{r+1} + C_{r+2}^r + \cdots + C_{n-1}^r\\
=&C_{r+3}^{r+1} + \cdots + C_{n-1}^r\\
=&\cdots = C_n^{r+1}.
\end{aligned} \tag{4.3.6}$$

结果得证. 当然, 我们也可以应用数学归纳法来证明该结果.

公式 (4.3.5) 揭示了这样一条规则: 从一数的 "左肩" 出发, 向右上方作一条和左斜边平行的直线, 位于这条直线上的各数之和等于该数. 举例来说, 见图 4.4: 从数字 10 的 "左肩"4 出发, 向右上作一条和左斜边平行的直线, 该直线上的数字为 $4,3,2,1$, 那么有 $4+3+2+1=10$. 也可以这么看, 10 是其两肩上的数 4 与 6 之和, 而 6 又是其两肩上的数 3 与 3 之和, 这样继续下去, 就有:

$$10 = 4 + 6 = 4 + (3+3) = 4 + (3 + (2+1)).$$

公式 (4.3.5) 就是将杨辉三角中第 $n+1$ 行第 $r+1$ 个数 C_n^{r+1} 作为起始数后得到的结果.

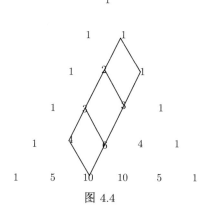

图 4.4

来考虑和式 $1^2 + 2^2 + \cdots + n^2$ 的计算. 数列的通项 k^2 可作如下拆分:

$$k^2 = k(k-1) + k = 2C_k^2 + C_k^1, \quad k \geqslant 2,$$

那么就可以利用恒等式 (4.3.6) 计算了:

$$1^2 + 2^2 + \cdots + n^2$$

$$=1+\sum_{k=2}^{n}(2C_k^2+C_k^1)$$

$$=1+2\sum_{k=2}^{n}C_k^2+\sum_{k=2}^{n}C_k^1$$

$$=2\sum_{k=2}^{n}C_k^2+\sum_{k=1}^{n}C_k^1$$

$$=2C_{n+1}^3+C_{n+1}^2$$

$$=\frac{1}{6}n(n+1)(2n+1).$$

现在我们来着手解决沈括提出的问题.

$$ab+(a+1)(b+1)+(a+2)(b+2)+\cdots+(a+n-1)(b+n-1)$$

$$=\sum_{k=0}^{n-1}(a+k)(b+k)$$

$$=\sum_{k=0}^{n-1}[k^2+(a+b)k+ab]$$

$$=\sum_{k=1}^{n-1}k^2+(a+b)\sum_{k=1}^{n-1}k+nab$$

$$=\frac{1}{6}(n-1)n(2n-1)+\frac{1}{2}n(n-1)(a+b)+nab.$$

我们解决了求自然数平方和的问题, 那么立方和怎么求呢, 即和式

$$1^3+2^3+\cdots+n^3$$

又该如何计算呢?

如果还是想要应用恒等式 (4.3.5), 我们就要对一般项 k^3 进行拆分, 想办法将它写成若干组合数之和. 因为 k^3 是三次多项式, 那么自然可以考虑从 C_k^3 入手进行推演:

$$C_k^3=\frac{1}{6}k(k-1)(k-2)=\frac{1}{6}(k^3-3k^2+2k).$$

于是

$$k^3=6C_k^3+3k^2-2k.$$

$3k^2-2k$ 我们已经能处理了, 直接计算可以行得通, 当然可以进一步写成:

$$k^3=6C_k^3+3k(k-1)+k=6C_k^3+6C_k^2+C_k^1.$$

因此, 可得如下结果:

$$1^3+2^3+\cdots+n^3=\sum_{k=1}^{n}k^3$$

$$=6\sum_{k=3}^{n}C_k^3+6\sum_{k=2}^{n}C_k^2+\sum_{k=1}^{n}C_k^1$$

$$=6C_{n+1}^4+6C_{n+1}^3+C_{n+1}^2$$

$$=\frac{1}{4}n^2(n+1)^2$$

$$=\left(\frac{1}{2}n(n+1)\right)^2.$$

比较有趣的是,

$$1^3+2^3+\cdots+n^3=(1+2+\cdots+n)^2.$$

我们可以给出上式一个几何解释, 来看图 4.5 (另见彩图 16), 此图给出了 $n=3$ 时的证明. 由粗线勾勒出的四个全等图形恰好拼成一个大正方形. 每个全等图形由 1 个边长为 1 的正方形, 2 个边长为 2 的正方形以及 3 个边长为 3 的正方形组成, 其面积为

$$1\times 1^2+2\times 2^2+3\times 3^2=1^3+2^3+3^3.$$

大正方形的边长恰好是 $2(1+2+3)$, 根据面积关系就有

$$4(1^3+2^3+3^3)=[2(1+2+3)]^2.$$

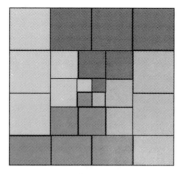

图 4.5

两边约去因子 4, 得到关系式:

$$1^3+2^3+3^3=(1+2+3)^2.$$

这就完成了证明. 一般的关系式:

$$1^3 + 2^3 + \cdots + n^3 = (1 + 2 + \cdots + n)^2$$

也就能确信为真了.

继续考虑下去, 如何计算 $1^4 + 2^4 + \cdots + n^4$? 方法已经有了, 不过可以预料计算会辛苦一些. 从

$$C_k^4 = \frac{1}{24} k(k-1)(k-2)(k-3) = \frac{1}{24}(k^4 - 6k^3 + 11k^2 - 6k)$$

出发, 有

$$k^4 = 24C_k^4 + 6k^3 - 11k^2 + 6k,$$

到这一步, 利用前面得到的结果就可以达到目的. 也可以继续写下去, 得到

$$k^4 = 24C_k^4 + 6(6C_k^3 + 6C_k^2 + C_k^1) - 11(2C_k^2 + C_k^1) + 6C_k^1$$
$$= 24C_k^4 + 36C_k^3 + 14C_k^2 + C_k^1,$$

再利用恒等式 (4.3.6) 即可获得答案.

如果读者对本节的内容感兴趣, 还可参见文献 [2, 3].

4.4　思考与超越：算符演算与生成函数法

4.4.1　算符意义下的二项式定理与应用

在得到前面结果的基础上, 我们自然会问如何求最初 n 个正整数的 p 次幂和? 即求

$$S = 1^p + 2^p + \cdots + n^p, \quad p \text{为任一自然数.} \tag{4.4.1}$$

这就是伯努利的幂之和问题 (Bernoulli's Power Sum Problem), 是历史上的一道数学名题. 问题及结果最先由瑞士数学家 J. 伯努利 (J. Bernoulli) 得出.

解决这个问题的方法有几种, 一种是将前面的做法推广, 详见文献 [3]. 我们在这里也给出一种算符演算的做法来得到结果. 该方法思路简单直观, 应用价值很大.

先做一些准备工作. 给定一个数列 $\{a_n\}$, 通过平移算符 E 作用可得一个新的数列 $\{b_n\}$, 使得 $b_n = a_{n+1}$. 直观上, E 的作用就是将数列排成一行, 之后每一项向左移动一位, 所得新数列的第一项是原先的第二项, 第二项是原先的第三项, 以此类推. 如果用式子表示, 就写为

$$Ea_n = a_{n+1}, \quad n = 0, 1, 2, \cdots.$$

如果写 $E^2 a_n$ 就表示 $E(Ea_n)$, 它的效果是将数列每一项向左移动两位; 类似地, 对于任意正整数 m, 也能明确记号 $E^m a_n$ 的含义.

我们现在定义

$$S_n = 1^p + 2^p + \cdots + n^p, \quad n = 1, 2, \cdots.$$

另外, 补充定义 $S_0 = 0$, 得到一个数列 $\{S_n\}_{n=0}^{\infty}$. 伯努利的幂之和问题也就是计算该数列的通项.

借助刚刚介绍的平移算符, S_n 可以写成

$$S_n = E^n S_0.$$

意思很明确: 将第 $n+1$ 项 S_n 向左平移了 n 次, 于是到了首项的位置. 因此, 计算 S_n 可转而计算 $E^n S_0$. 现在的关键问题是如何表示 E^n?

为了进行算符演算, 再来介绍如下两个算符. 一是恒等算符, 用记号 I 来表示, 它的作用就是什么都不做, 可用如下式子写出:

$$I a_n = a_n, \quad n = 0, 1, 2, \cdots.$$

二是差分算符, 用记号 Δ 来表示, 它的作用是从数列的第二项开始, 每一项减去前一项, 用式子写出, 就是

$$\Delta a_n = a_{n+1} - a_n, \quad n = 0, 1, 2, \cdots.$$

借助于刚才介绍的两个算符, 平移算符 E 可以写成:

$$E = \Delta + I.$$

于是, 计算 E^n 就是计算

$$(\Delta + I)^n.$$

此时, 我们自然会联想到二项式定理: 如果给出两个数 a, b 以及正整数 n, 那么

$$(a+b)^n = \sum_{k=0}^{n} C_n^k a^k b^{n-k}.$$

算符意义下是否也能有同样的结果呢?

在高等代数里可能学过如下结论: 给定两个同阶方阵 A, B, 如果它们可交换, 即 $AB = BA$, 那么

$$(A+B)^n = \sum_{k=0}^{n} C_n^k A^k B^{n-k}.$$

对于算符而言, Δ 和 I 也是可交换的, 将它们理解为矩阵, 则类比可知算符形式的二项式定理成立.

定理 4.4.1(算符二项式定理)　对于算符 Δ 和 I, 成立如下二项式公式:

$$(\Delta + I)^n = \sum_{k=0}^{n} \mathrm{C}_n^k \Delta^k I^{n-k} = \sum_{k=0}^{n} \mathrm{C}_n^k \Delta^k.$$

该结果可以用数学归纳法联立前面介绍的组合恒等式 (4.1.1) 加以证明.
由上定理立得

$$S_n = E^n S_0 = (\Delta + I)^n S_0 = \sum_{k=0}^{n} \mathrm{C}_n^k \Delta^k S_0,$$

于是只要逐个计算 $\Delta^k S_0$ 就行了.

$$\Delta^0 S_0 = S_0 = 0,$$
$$\Delta^1 S_0 = (\Delta S_n)\big|_{n=0} = (S_{n+1} - S_n)\big|_{n=0} = (n+1)^p\big|_{n=0} = 1,$$
$$\Delta^2 S_0 = \Delta(\Delta S_n)\big|_{n=0} = (\Delta(n+1)^p)\big|_{n=0} = [(n+2)^p - (n+1)^p]\big|_{n=0} = 2^p - 1,$$
$$\Delta^3 S_0 = 3^p - 2 \cdot 2^p + 1,$$
$$\Delta^4 S_0 = 4^p - 3 \cdot 3^p + 3 \cdot 2^p - 1,$$
$$\cdots\cdots$$

如果要写出一般性的结果, 就是

$$\Delta^k S_0 = \sum_{i=0}^{k-1} (-1)^i \mathrm{C}_{k-1}^i (k-i)^p, \quad k \geqslant 1.$$

另外, 直接验算可知 $\Delta^{p+2} S_0 = 0$, 于是联立以上诸式可得

$$1^p + 2^p + \cdots + n^p = \sum_{k=1}^{p+1} \mathrm{C}_n^k \Delta^k S_0 = \sum_{k=1}^{p+1} \sum_{i=0}^{k-1} (-1)^i \mathrm{C}_n^k \mathrm{C}_{k-1}^i (k-i)^p.$$

尽管该结果稍显复杂, 但也是有收获的. 首先, 若幂次 p 较小时, 可用以上公式直接算出幂和 (4.4.1) 的计算公式. 其次, 我们得到了一个组合恒等式, 如果要用其他途径来获得可能不太轻松.

4.4.2　生成函数法

清朝著名数学家李善兰研究过垛积问题, 还著有一书《垛积比类》, 书中提出了一个闻名中外的恒等式——李善兰恒等式:

$$\sum_{j=0}^{k} (\mathrm{C}_k^j)^2 \mathrm{C}_{n+2k-j}^{2k} = (\mathrm{C}_{n+k}^k)^2.$$

该结论的发现和证明绝非易事.

从中国传统数学算法谈起

图 4.6 李善兰

李善兰 (图 4.6), 生于 1811 年 1 月 2 日, 浙江海宁人, 是近代著名的数学、天文学、力学和植物学家, 创立了二次平方根的幂级数展开式, 各种三角函数、反三角函数和对数函数的幂级数展开式. 我们现在使用的很多数学上的名词, 如 "代数" "函数" "方程式" "微分" "积分" "级数" 等, 都是由李善兰创译的.

我们来试着证明一下李善兰恒等式, 需要使用一个新的数学工具: 生成函数. 它是由法国数学家拉普拉斯 (Laplace) 在其 1812 年出版的一本书中明确提出的. 生成函数法是研究计数问题的一种最主要方法, 同时也可以获得一些组合恒等式, 其基本思想是:

考虑一个数列 $\{a_n\}_{n=0}^{\infty}$, 我们构造一个幂级数

$$g(x) = \sum_{n=0}^{\infty} a_n x^n = a_0 + a_1 x + a_2 x^2 + \cdots,$$

称 $g(x)$ 是数列 $\{a_n\}_{n=0}^{\infty}$ 的生成函数 (generating function), 也称为母函数. 假如能求得这个函数, 不仅确定了数列, 而且对此函数进行运算和分析可以获得原数列的很多性质 [4].

比较常用的生成函数是: 对于给定的 n, 二项式系数的数列

$$C_n^0, \ C_n^1, \ C_n^2, \ \cdots, \ C_n^n, \ 0, \ 0, \ \cdots$$

的生成函数是

$$C_n^0 + C_n^1 x + C_n^2 x^2 + \cdots + C_n^n x^n + 0 + 0 + \cdots = (1+x)^n.$$

利用这个生成函数可以轻松获得一些组合恒等式, 例如取 $x = 1$, 那么

$$C_n^0 + C_n^1 + C_n^2 + \cdots + C_n^n = 2^n.$$

还可以取 $x = -1$, 那么

$$C_n^0 - C_n^1 + C_n^2 - \cdots + (-1)^n C_n^n = 0.$$

我们再来举一个利用生成函数证明组合恒等式的例子. 下面的式子称为范德蒙德 (Vandermonde) 恒等式:

$$\sum_{k=0}^{r} C_m^k C_n^{r-k} = C_{m+n}^r.$$

该式有明确的组合意义: 设一个袋子中有 m 个白球, n 个黑球, 现在要从中选出 r 个球, 显然选取的方法数是 C_{m+n}^r. 另一方面, 可以考虑在 m 个白球里选择 k 个, n 个黑球里选择 $r-k$ 个, 当 $k = 0, 1, \cdots, r$ 时, 和式 $\sum\limits_{k=0}^{r} \mathrm{C}_m^k \mathrm{C}_n^{r-k}$ 是所有的选球方法数, 自然等于 C_{m+n}^r.

用生成函数法证明起来很容易, 只要比较等式

$$(1+x)^m (1+x)^n = (1+x)^{m+n}$$

两边关于 x^r 的系数即可.

接下来我们在证明李善兰恒等式的过程中, 就要用到范德蒙德恒等式. 在叙述证明过程之前, 还要介绍一个组合恒等式:

$$\mathrm{C}_m^n \mathrm{C}_n^k = \mathrm{C}_m^k \mathrm{C}_{m-k}^{n-k}. \tag{4.4.2}$$

该式也可写成

$$\mathrm{C}_m^n \mathrm{C}_n^k = \mathrm{C}_m^k \mathrm{C}_{m-k}^{m-n}.$$

证明起来很容易, 只要借助二项式系数的显式表达 $\mathrm{C}_m^n = \dfrac{m!}{n!(m-n)!}$ 即可. 我们换一种具有组合意义的证明: 假设从 m 个人里选 n 名非正式代表, 再从 n 名非正式代表里选择 k 名正式代表, 总的方法数是 $\mathrm{C}_m^n \mathrm{C}_n^k$. 另一方面, 可以直接从 m 个人中选择 k 名正式代表, 剩下 $m-k$ 个人中再选择 $n-k$ 位非正式代表, 总的方法数是 $\mathrm{C}_m^k \mathrm{C}_{m-k}^{n-k}$, 这样结论获证.

准备工作就绪, 下面我们提供一种李善兰恒等式的初等证明 (下述证明过程中的组合数 C_m^n, 如果 $m < n$, 则约定它的值是零):

$$\sum_{j=0}^{k} (\mathrm{C}_k^j)^2 \mathrm{C}_{n+2k-j}^{2k} \quad (\text{利用} \mathrm{C}_k^j = \mathrm{C}_k^{k-j})$$

$$= \sum_{j=0}^{k} (\mathrm{C}_k^{k-j})^2 \mathrm{C}_{n+k+(k-j)}^{2k} \quad (\text{用} j \text{替换} k-j)$$

$$= \sum_{j=0}^{k} (\mathrm{C}_k^j)^2 \mathrm{C}_{n+k+j}^{2k} \quad (\text{使用范德蒙德恒等式})$$

$$= \sum_{j=0}^{k} (\mathrm{C}_k^j)^2 \sum_{i=0}^{k} \mathrm{C}_{n+k}^{2k-i} \mathrm{C}_j^i \quad (\text{交换求和号})$$

$$= \sum_{i=0}^{k} \mathrm{C}_{n+k}^{2k-i} \sum_{j=0}^{k} \mathrm{C}_k^j (\mathrm{C}_k^j \mathrm{C}_j^i) \quad (\text{使用恒等式}(4.4.2))$$

$$= \sum_{i=0}^{k} C_{n+k}^{2k-i} \sum_{j=0}^{k} C_k^j C_k^i C_{k-i}^{k-j}$$

$$= \sum_{i=0}^{k} C_{n+k}^{2k-i} C_k^i \sum_{j=0}^{k} C_k^j C_{k-i}^{k-j} \quad \text{(使用范德蒙德恒等式)}$$

$$= \sum_{i=0}^{k} C_{n+k}^{2k-i} C_k^i C_{2k-i}^k$$

$$= \sum_{i=0}^{k} (C_{n+k}^{2k-i} C_{2k-i}^k) C_k^i \quad \text{(使用恒等式(4.4.2))}$$

$$= \sum_{i=0}^{k} (C_{n+k}^k C_n^{k-i}) C_k^i$$

$$= C_{n+k}^k \sum_{i=0}^{k} C_n^{k-i} C_k^i \quad \text{(使用范德蒙德恒等式)}$$

$$= C_{n+k}^k \cdot C_{n+k}^k$$

$$= (C_{n+k}^k)^2 .$$

前面说过, 生成函数方法是解决计数问题的一大方法. 我们就来看看这个方法是如何实现的.

考虑下面这个问题:

例 4.4.1　有 3 个红球, 4 个黄球, 5 个蓝球, 现在要从中选出 6 个球, 那么有几种取法呢?

解答该问题时可以这样考虑: 假设红球取 x 个, 黄球取 y 个, 蓝球取 z 个, 那么 $x+y+z=6$, 该方程满足 $0 \leqslant x \leqslant 3, 0 \leqslant y \leqslant 4, 0 \leqslant z \leqslant 5$ 的一组整数解, 即对应一种取法, 反之亦然.

将 $x+y+z=k$ 符合上述条件的整数解个数记为 a_k, 那么 $\{a_k\}_{k=0}^{\infty}$ 的生成函数是

$$g(x) = (1+x+x^2+x^3)(1+x+x^2+x^3+x^4)(1+x+x^2+x^3+x^4+x^5).$$

只要计算 x^6 展开项的系数就可以了. 注意,

$$g(x) = (1+2x+3x^2+4x^3+4x^4+3x^5+2x^6+x^7)(1+x+x^2+x^3+x^4+x^5),$$

x^6 的系数是 $2+3+4+4+3+2=18$, 这表示有 18 种取法.

将问题变化一下, 见下例:

例 4.4.2　有 3 个红球, 4 个黄球, 5 个蓝球, 仍从中选出 6 个球, 但要求其中至少有 1 个红球, 2 个黄球, 问有几种取法.

这时又该如何处理呢? 该问题的生成函数与之前不同, 为

$$g(x)=(x+x^2+x^3)(x^2+x^3+x^4)(1+x+x^2+x^3+x^4+x^5)$$
$$=x^3(1+2x+3x^2+2x^3+x^4)(1+x+x^2+x^3+x^4+x^5).$$

x^6 的系数是 $1+2+3+2=8$, 这表示有 8 种取法.

一般的情形即是如下的分配问题 [4]:

例 4.4.3　把 k 个相同的球分放进 n 个全不相同的盒子 $a_1,a_2,\cdots,a_n$ 中去, 限定盒 a_i 中允许放入的球数集 (也称盒 a_i 的容量集) 是 $M_i(1\leqslant i\leqslant n)$. 记分配方法数是 c_k, 则 $\{c_k\}_{k=0}^{\infty}$ 的生成函数是

$$\sum_{k\geqslant 0}c_kx^k=\prod_{i=1}^{n}\left(\sum_{m\in M_i}x^m\right).$$

例如, $k=6$, $n=3$, $M_1=\{0,1,2,3\}$, $M_2=\{0,1,2,3,4\}$, $M_3=\{0,1,2,3,4,5\}$, 这个问题的意思是说, 有 6 个球, 放入三个盒子, 第一个盒子最多放 3 个球, 第二个盒子最多放 4 个球, 第三个盒子最多放 5 个球, 分配方法有几种? 此时, 生成函数是

$$\prod_{i=1}^{n}\left(\sum_{m\in M_i}x^m\right)=(1+x+x^2+x^3)(1+x+x^2+x^3+x^4)(1+x+x^2+x^3+x^4+x^5),$$

再求出 x^6 的系数即得结果. 实际上, 这和我们最初提出的计数问题本质上是同一个问题.

当数目过大时, 笔算显得有些困难, 我们可借助 MATLAB 编制一段小程序来完成计算任务, 命令如下:

```
function c=FP(k,M) n=size(M,1); lgth=M(:,2)-M(:,1)+1;
t=conv(ones(1,lgth(1)),ones(1,lgth(2))); if n>=3
    for i=3:n
        t=conv(t,ones(1,lgth(i)));
    end
end t=fliplr(t); c=t(k+1-sum(M(:,1)));
```

该程序给出了满足方程

$$x_1+x_2+\cdots+x_n=k,\quad n\geqslant 2$$

并符合约束条件

$$m_i\leqslant x_i\leqslant M_i,\quad m_i,M_i\in\mathbb{N},1\leqslant i\leqslant n$$

的整数解个数. 输入变量是 k 和 $M=[m_1,M_1;m_2,M_2;\cdots;m_n,M_n]$.

对于例 4.4.1 而言, 可执行如下程序:

```
>>c=FP(6,[0 3;0 4;0 5])
```

得结果 18; 对于例 4.4.2, 可执行如下程序:

```
>>c=FP(6,[1 3;2 4;0 5])
```

得结果 8.

思考与练习 4.4.1

1. 研究一下杨辉的三角垛问题, 也就是计算级数和

$$1+(1+2)+(1+2+3)+\cdots+(1+2+3+\cdots+n).$$

2. 元代朱世杰提出了撒星形垛的求总数问题. 撒星形垛是由底层每边从 1 个到 n 个的 n 只三角垛集合而成, 实际上就是计算级数和

$$1+(1+3)+(1+3+6)+\cdots+\left(1+3+6+\cdots+\frac{1}{2}n(n+1)\right).$$

试计算出该问题的结果.

3. 设有边长为 1 米的正方形纸一张, 若将这张纸剪开, 拼成 n 个正方形, 其边长分别是 1 厘米、3 厘米、5 厘米、$\cdots$、$(2n-1)$ 厘米, 要求不剩余纸, 试问是否可能实现?

4. 借助生成函数, 证明杨辉恒等式

$$C_n^k = C_{n-1}^k + C_{n-1}^{k-1}.$$

5. 现在有 5 个红球, 6 个黄球, 7 个蓝球, 从中选出 10 个球来, 有几种选法? 如果要求红球至少选 1 个, 黄球至少选 2 个, 蓝球至少选 3 个, 又有几种选法?

6. 请证明:

$$1^4+2^4+\cdots+n^4 = \frac{n}{30}(6n^4+15n^3+10n^2-1).$$

参考文献

[1] 李继闵. 算法的源流: 东方古典数学的特征 [M]. 北京: 科学出版社, 2007.

[2] 李兆华. 中国数学史基础 [M]. 天津: 天津教育出版社, 2010.

[3] 华罗庚. 从孙子的神奇妙算谈起: 数学大师华罗庚献给中学生的礼物 [M]. 北京: 中国少年儿童出版社, 2006.

[4] 李乔. 组合学讲义, 2 版 [M]. 北京: 高等教育出版社, 2008.

第5章

刘–祖原理与面积和体积的计算

5.1 出入相补原理与三角形面积和梯形面积的计算

我们在这里来讲讲中国古代的几何学. 通常认为, 中国古代没有几何学. 事实上却不是这样, 吴文俊在著作 [1] 中认为: 中国古代在几何学上取得了极其辉煌的成就, 并且人们的误解可能是因为中国古代几何学在内容和形式上都与欧几里得几何迥然不同的缘故. 这种不同表现在以下几方面:

• 中国古代几何没有采用定义–公理–定理–证明这种欧氏演绎系统, 取公理而代之的是几条简洁明了的原理, 并在此基础上推导出各种不同的几何结果. 刘徽在《九章算术注》中就是这样做的.

• 中国古代几何与欧氏几何研究的侧重点不同. 我国古代数学家对直线的垂直性感兴趣, 而欧氏几何重视平行性的研究. 中国古代数学在数千年的发展过程中, 勾股形在几何研究中始终占据着主要地位. 其次, 中国古代数学家对 "角" 缺乏兴趣, 重视对 "距离" 的研究, 而欧氏几何则把 "角" 的研究放在重要的位置上.

• 中国古代几何学总是与应用问题紧密相连, 测量、面积和体积的研究占据了研究的中心地位.

• 中国古代的几何总是与代数互相渗透, 具有几何代数化的特点. 中国古代数学的几何代数化在宋元时期达到了顶峰. 李约瑟指出, 几何代数化是解析几何产生的前奏曲 (也是关键的一步).

实际上, 我们前面介绍的日高公式、秦九韶的三角形面积公式都体现了吴文俊先生的上述观点. 中国的古代数学在长期的发展历程中形成了一些简单适用的原理而不是一系列公理. 比如前面介绍的出入相补原理就是这样一个原理, 重述如下:

定理 5.1.1(出入相补原理) 把一个平面 (或立体) 图形分割成若干块, 各块移动并重新拼合后, 整个图形的面积 (或体积) 保持不变.

我们接下来要讲讲古代中国的面积和体积理论,这都是为了丈量土地、测定容量的实际需要而诞生的.

首先,可以利用出入相补原理来算得一般三角形的面积公式. 见图 5.1,假设三角形 ABC 的一条边 BC 已知,长度为 a, h 是相应高 AD 的长. 那么我们可以将之补成一个长方形 $EBCF$. 于是

$$S_{\triangle ABC} = S_{\triangle ABD} + S_{\triangle ACD} = \frac{1}{2}S_{EADB} + \frac{1}{2}S_{ADCF} = \frac{1}{2}S_{EBCF} = \frac{1}{2}ah.$$

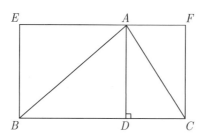

图 5.1　出入相补原理与三角形面积公式

我们还有办法得到梯形的面积公式,其实还是通过 "割" 或 "补" 的手段将之转换成矩形,见图 5.2.

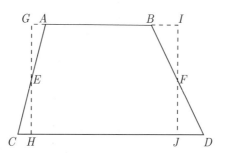

图 5.2　出入相补原理与梯形面积公式

对于一般的多边形,都可以将之分解成一些三角形,从而求得它的面积. 也就是说,只要有出入相补原理,我们就可以建立起多边形的面积理论了.

但还可能存在一个问题:矩形的面积公式是怎么来的? 当然经长期实践可以证明,矩形的面积是互相垂直的两条边长度的乘积. 我们可以默认其正确,或者干脆就下一个定义,将矩形互相垂直的两条边长度的乘积作为矩形的 "面积".

非要证明的话,可以参考以下的思路,假设矩形的长与宽都是整数,那自然是没有问题的. 假设长为 m,宽为 n,那么我们通过画平行线的方式将矩形分解成 $m \times n$ 个边长为 1 的正方形,而每个正方形的面积是 1,那么此时矩形的面积为 mn. 边长为 1 的正方形面积为 1,这一点或许是需要事先定义的. 说到底,我们并不清楚面

积到底是什么, 该如何给出一个数学上严格的定义. 直线形的面积还可以理解, 但如果遇到边界是曲线的情况就会发觉用语言描述面积表达不清楚. 我们为了继续下面的证明, 暂且将立足点放在 "边长为 1 的正方形面积为 1" 这一点上. 也可以这么理解, 对于平面, 我们可以在水平方向和铅直方向做一系列间距相等的平行线, 间距就不妨设为 1. 这些平行线的交点, 我们称之为格点. 我们可以想办法建立平面直角坐标系, 使每个格点的坐标都是整数, 这样格点也称为整点. 每个小格子 (也就是边长为 1 的正方形) 的面积定义为 1, 一个平面图形到底占了多大的面积, 就看它到底占了多少个格子. 如果矩形的长和宽皆为整数, 那么该矩形的四个顶点都可以平移到格点的位置, 接下来再数出这个矩形占了多少个格子, 面积也就清楚了.

如果矩形的长与宽是有理数, 假设其分别为 $\frac{q_1}{p_1}, \frac{q_2}{p_2}$. 我们可以将长 $\frac{q_1}{p_1}$ 扩大, 变成原来的 p_1 倍, 宽 $\frac{q_2}{p_2}$ 扩大, 变成原来的 p_2 倍, 实际上我们将 $p_1 \times p_2$ 个和原来矩形相同大小的矩形拼成了一个长、宽分别为 q_1, q_2 的大矩形, 可以参考示意图 5.3. 在该图中, 我们假设一个矩形的两条边长为 $\frac{2}{3}$ 与 $\frac{3}{4}$, 那么分别扩大成原来的 3 倍与 4 倍. 这样, 大矩形的长与宽皆为整数, 其面积可以求得为 $q_1 q_2$, 这恰是 $p_1 p_2$ 个原矩形面积之和, 那么原来矩形的面积就是

$$\frac{q_1 q_2}{p_1 p_2} = \frac{q_1}{p_1} \cdot \frac{q_2}{p_2},$$

恰好是原矩形长与宽的乘积.

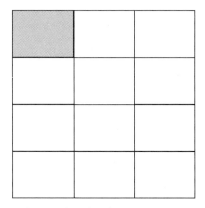

图 5.3　矩形长宽为有理数时求矩形面积示意图

如果长与宽都是无理数呢? 首先, 来想一想到底什么是无理数吧. 无限不循环小数? 说到底这不是一个可以令人接受的定义. 因为你永远不知道下一位小数是否出现循环. 我们这里不打算去讨论什么叫无理数, 只是想说, 我们真正所能掌握和

理解的东西, 其实只是有理数. 接下来面对未知的东西, 就要用已知的东西去求, 就如同刘徽割圆术的思想一样. 换言之, 所谓的圆是一系列正多边形的极限, 那么所谓的无理数, 就是一列有理数列的极限.

假设矩形的长与宽分别为 α, β, 那么有两个有理数列 $\{\alpha_n\}$ 与 $\{\beta_n\}$ 满足

$$\lim_{n\to\infty}\alpha_n = \alpha, \quad \lim_{n\to\infty}\beta_n = \beta.$$

对于长与宽分别为 α_n 和 β_n 的矩形而言, 其面积为 $\alpha_n\beta_n$ 是已证明的结果, 而这样的矩形是逐渐逼近于原来的矩形的, 那么原矩形的面积就是

$$\lim_{n\to\infty}\alpha_n\beta_n = \lim_{n\to\infty}\alpha_n \cdot \lim_{n\to\infty}\beta_n = \alpha\beta.$$

5.2　从梯形面积的计算到曲边梯形面积的计算

我们很容易建立平面多边形的面积理论. 换句话说, 只要边界是直线的图形, 我们都有办法处理. 令人头疼的就是曲边图形. 我们在中学阶段唯一能处理的曲边图形就是圆, 在这基础上还能处理扇形. 现在来看图 5.4.

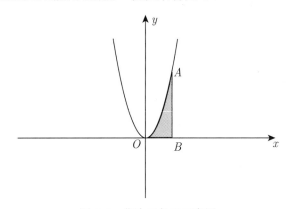

图 5.4　曲边三角形示意图

在抛物线上取一点 A, 由 A 向 x 轴作垂线, 垂足为 B, 图形 AOB 有两条直边和一条曲线边, 不妨把这样的图形就叫作 "曲边三角形". 我们该如何去求它的面积呢?

我们可以应用刘徽 "割圆术" 的思想, 去找一个和它逼近的图形, 并且这个图形的面积是能容易算得出来的. 如图 5.5 所示, 我们把线段 OB 等分成 n 份, 记分点为

$$(O =)M_0, \quad M_1, \quad \cdots, \quad M_n(= B).$$

由这些分点作 x 轴的垂线交抛物线于 $N_1, N_2, \cdots, N_n$. 从 N_k 出发, 作平行于 x 轴的直线交线段 $N_{k+1}M_{k+1}$ 于 P_k, $k = 1, 2, \cdots, n-1$.

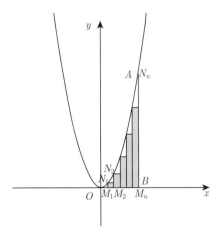

图 5.5 曲边三角形面积计算示意图

这样, 我们可以通过一系列矩形的面积之和来逼近曲边三角形的面积. 每个矩形的面积是清楚的, 那么逼近图形的面积也是可以计算的.

假设 OB 的长度为 a, 而 k 是 1 到 $n-1$ 的一个自然数, 现在来考察矩形 $M_kM_{k+1}P_kN_k$ 的面积, 这里 P_k 是过点 N_k 的水平线与线段 $M_{k+1}N_{k+1}$ 的交点. 首先, $M_kM_{k+1} = \dfrac{a}{n}$. 而点 N_k 在抛物线 $y = x^2$ 上, 那么 M_kN_k 的长度应是点 M_k 的横坐标的平方, 即 $M_kN_k = \left(\dfrac{ka}{n}\right)^2$.

于是逼近图形的面积, 也就是那一系列矩形面积的和为

$$
\begin{aligned}
S_n &= \frac{a}{n}\left(\frac{a}{n}\right)^2 + \frac{a}{n}\left(\frac{2a}{n}\right)^2 + \cdots + \frac{a}{n}\left(\frac{(n-1)a}{n}\right)^2 \\
&= \frac{a}{n}\left[\left(\frac{a}{n}\right)^2 + \left(\frac{2a}{n}\right)^2 + \cdots + \left(\frac{(n-1)a}{n}\right)^2\right] \\
&= \left(\frac{a}{n}\right)^3\left[1^2 + 2^2 + \cdots + (n-1)^2\right].
\end{aligned}
$$

最后面临一个数列求和的问题, 对它的计算实际上我们在之前已经讲过了. 事实上, 利用杨辉三角可得

$$
1^2 + 2^2 + \cdots + (n-1)^2 = \frac{1}{6}n(n-1)(2n-1).
$$

那么

$$
S_n = \frac{1}{6}a^3\left(1 - \frac{1}{n}\right)\left(2 - \frac{1}{n}\right),
$$

这是曲边三角形面积的一个近似值. 如果我们将边 OB 分得越细, 那么逼近的效果就越好. 考虑一个极限过程, 令 $n \to \infty$, 那么 $S_n \to \frac{1}{3}a^3$, 得到曲边三角形 OAB 的面积是 $\frac{1}{3}a^3$.

在此基础上, 我们再考虑如下的图形, 见图 5.6. 在 x 轴上取两点 A 和 B, 过 A 和 B 作 x 轴的垂线, 分别交抛物线于 C, D. 图形 $ABDC$ 有三条直边, 一条曲边, 且有一对直边是平行的, 我们也给它个称呼, 叫 "曲边梯形". 它的面积可以通过将曲边三角形 OBD 的面积减去曲边三角形 OAC 的面积来获得.

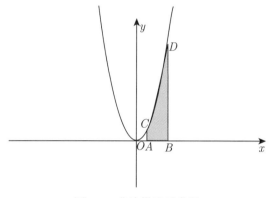

图 5.6　曲边梯形示意图

5.3　刘–祖原理及应用

刘徽不加证明地指出: "夫叠棋成立积, 缘势幂既同, 则积不容异." 这里, "势" 指高度, "幂" 指截面面积, "幂势同" 即等高的截面面积相等, "积" 指体积. 他看到中国象棋的棋子摆成两叠, 这两叠未必是圆柱, 但只要一样高, 则两叠的体积一致, 他推广此现象到一般情形, 只要两个立体一样高, 且被任何水平面所截得的两个截面相同, 则双方之体积一致.

在公元 500 年之初, 祖冲之的儿子祖暅就发展了刘徽割圆术的思想, 提出了 "幂势既同, 则积不容异" 的求积原理, 这个原理成为计算面积和体积的有力工具. 用现代数学语言描述 [2, 3], 这个原理为:

定理 5.3.1(刘–祖原理)　设两个物体夹于平行平面 P 和 Q 之间. 若以任意一个平行于 P 和 Q 的平面 R 与它们相截, 截出来的二个面积总是相等, 那么两物体的体积相等. 更进一步, 若两物体用平行的平面截出来的图形的面积总是成一定的比例, 那么这两物体的体积之比也等于这一个比值. 对于面积情形, 结果亦然.

意大利著名数学家卡瓦列利 (Francesco Cavalieri, 1598—1647) 也发现了与等幂等积定理类似的结果, 但比刘徽、祖暅晚了至少 1000 年.

定理 5.3.2(卡瓦列利原理)　(1) 若两个平面片处于两平行线之间, 且平行于此二直线的任一直线与两平面片相交时, 所截得的两线段相等, 则这两个平面片面积相等.

(2) 若两个立体处于两个平行平面之间, 且平行于这两个平面的任何平面与此二立体相交时, 所截得的面积相等, 则这两个立体体积相等.

天文学家开普勒用卡瓦列利原理求得了椭圆的面积. 他是这样来做的: 已知椭圆方程

$$\frac{x^2}{a^2} + \frac{y^2}{b^2} = 1, \quad a > b > 0.$$

将椭圆与圆 $x^2 + y^2 = a^2$ 作比较, 见图 5.7. 任意作一条铅垂线交圆于 A', B', 交椭圆于 A, B. 在上半平面, 椭圆方程为 $y = \frac{b}{a}\sqrt{a^2 - x^2}$, 圆方程为 $y = \sqrt{a^2 - x^2}$, 那么

$$\frac{AB}{A'B'} = \frac{2\dfrac{b}{a}\sqrt{a^2 - x^2}}{2\sqrt{a^2 - x^2}} = \frac{b}{a},$$

于是,

$$\frac{椭圆面积}{圆面积} = \frac{b}{a}.$$

由于圆面积为 πa^2, 则可算得椭圆面积为 πab.

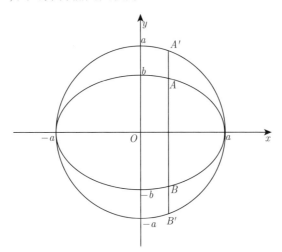

图 5.7　椭圆面积计算示意图

来看看我国古代数学家如何计算球的体积.《九章算术》中有 "开立圆术", "立圆" 的意思是 "球体", 认为:

球的外切圆柱体积 : 球体积 = 正方形面积 : 正方形内切圆面积;

同时认为圆周率为 3, 因此得到球体积公式:

$$V = \frac{9}{16}D^3, \quad \text{其中} D \text{为直径}.$$

这个公式是错误的, 但在古时可以算一个近似公式. 刘徽对此公式并不满意, 注《九章算术》时说: "以周三径一为圆率, 则圆幂伤少; 令圆囷为方率, 则丸积伤多. 互相通补, 是以九与十六之率, 偶与实相近, 而丸犹伤多耳." 按这个公式计算球的体积将较实际多一些.

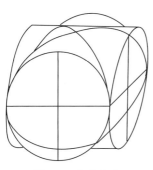

图 5.8　牟合方盖

刘徽想要推算出精确的公式, 为此, 他创造了一个称为 "牟合方盖" 的立体图形. 这里, "牟", 音 móu, 古同 "侔", 意思是等同, 而中国古代称伞为盖, 两把相同的方伞合在一起, 即牟合方盖. 刘徽指出牟合方盖与球的体积之比才是正方形与其内切圆面积之比, 即 4 : π. 牟合方盖是怎样的几何体呢? 见图 5.8, 它是两个等半径圆柱躺在平面上垂直相交的公共部分. 如果拿半球与半个牟合方盖来比较, 见图 5.9 和 5.10. 将半球的每个水平切面, 也就是圆, 改成它的外切正方形, 这样一系列大小不同的正方形堆积而成的立体图形, 即是半个牟合方盖.

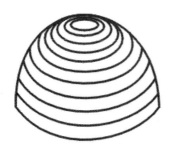

图 5.9　半球体横切示意图

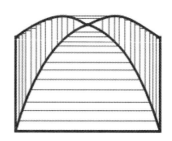

图 5.10　半牟合方盖横切示意图

然而牟合方盖的体积, 刘徽没能算出, "观立方之内, 合盖之外, 虽衰杀有渐, 而多少不掩. 判合总结, 方圆相缠, 浓纤诡互, 不可等正. 欲陋形措意, 惧失正理. 敢不阙疑, 以俟能言者." 二百多年之后, 有能之士祖暅出现了, 他继承了刘徽的思想, 计算出了牟合方盖的体积.

图 5.11 考察的是八分之一个牟合方盖, 将之至于立方体中, 立方体边长为球体半径 r. 接下来要计算的是立方体内位于牟合方盖之外那部分, 称之为 "盖外" 的体积. 按图 5.12 所示, 作一个水平切面, 距离底面高度为 h. 水平切面截牟合方盖

得到一个正方形, 该正方形的边长假设为 x. 水平面截盖外所得的图形面积, 应是一大一小两个正方形 $UVWT$ 与 $XYZT$ 面积之差, 即

$$r^2 - x^2.$$

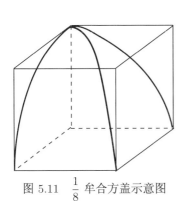

图 5.11 $\frac{1}{8}$ 牟合方盖示意图

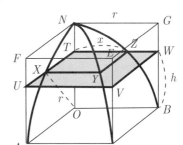

图 5.12 $\frac{1}{8}$ 牟合方盖横切示意图

对直角三角形 OXT 中应用勾股定理可知 $r^2 - x^2 = h^2$, 即高度为 h 的盖外水平截面的面积恰好是 h^2. 考虑倒置的四棱锥 $C-FEGN$, 用高度为 h 的水平面去截它, 所得的截面面积也是 h^2, 于是盖外的体积恰好是四棱锥 $C-FEGN$(这样的四棱锥, 即底面是正方形, 顶点位于一隅的立体图形, 中国古代称之为 "阳马") 的体积. 四棱锥底面 $FEGN$ 的面积是 r^2, 棱 CE 垂直于底面, 长度为 r, 我们在中学里学过, 这样的四棱锥体积为 $\frac{1}{3}r^3$. 从而八分之一的牟合方盖的体积是

$$r^3 - \frac{1}{3}r^3 = \frac{2}{3}r^3,$$

则牟合方盖的体积为 $\frac{16}{3}r^3$, 进而得出球的体积是 $\frac{4}{3}\pi r^3$. 回过头来看, 计算球体积的整个过程是相当巧妙的. 球的体积很难计算, 将之转化为求牟合方盖的体积. 然而牟合方盖的体积又很难算, 转而考虑盖外. 盖外体积的计算看似更复杂, 然而它又恰能转化成求阳马的体积.

现在, 让我们考察用刘–祖原理构造其他形体来计算球的体积. 见图 5.13, 设球半径为 r, 图左侧是一个半球, 图右侧是一个底面半径和高皆为 r 的圆柱. 对于这个圆柱, 我们挖去一个以圆柱上底为底、以圆柱下底中心为顶点的圆锥. 把半球与右侧的立体图形放在同一水平面上, 且用与水平面平行的平面来截左右两个立体. 我们假设截面的高度为 h. 左侧的截面是一个半径为 $\sqrt{r^2 - h^2}$ 的圆, 其面积为 $\pi(r^2 - h^2)$. 右侧是一个圆环, 外半径为 r, 内半径为 h, 其面积为 $\pi r^2 - \pi h^2$. 两个截面积对于任意的 h 都是相等的, 根据刘–祖原理, 左右两个立体图形的体积是相等的, 于是

半球的体积 $=$ 圆柱的体积 $-$ 圆锥的体积 $= \pi r^2 \cdot r - \frac{1}{3}\pi r^2 \cdot r = \frac{2}{3}\pi r^3.$

半径为 r 的球的体积就自然为 $\frac{4}{3}\pi r^3$ 了.

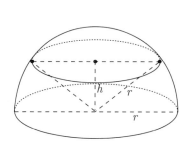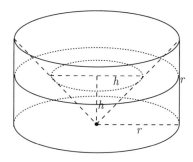

图 5.13　球的体积公式推导示意图 1

实际上, 可以有很多方案来构造其他立体与球体体积相同, 而该立体的体积又便于计算 [4]. 再看一例, 参见图 5.14, 右侧的图形是一个卧倒的四棱锥, 其底面是一个边长为 r 的正方形, 并且四棱锥的一条棱和底面垂直, 该棱的长度为 $2\pi r$.

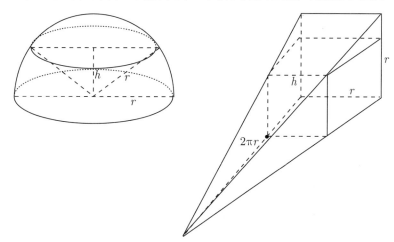

图 5.14　球的体积公式推导示意图 2

作一个高度为 h 的平面, 我们来看截得右侧图形的截面面积. 该截面是一个直角梯形, 不难得出其上底为 h, 下底为 r, 高为 $2\pi(r-h)$, 可算得其面积为

$$\frac{1}{2}(h+r)\cdot 2\pi(r-h) = \pi(r^2 - h^2).$$

这样, 半球和四棱锥的体积也是相等的. 于是

$$球的体积 = 2 \times 四棱锥的体积 = 2\cdot\frac{1}{3}r^2\cdot 2\pi r = \frac{4}{3}\pi r^3.$$

5.4　思考与超越：直说微积分

我们前面计算出了一个曲边三角形的面积, 现用记号 $\int_0^1 x^2 \mathrm{d}x$ 表示这个结果. 对于任意的正值函数 $f(x) > 0$, 用 $\int_a^b f(x)\mathrm{d}x$ 表示函数 $f(x)$ 和直线 $x = a, x = b, y = 0$, 即一条曲线和三条直线围成的曲边梯形的面积, 称之为函数 $f(x)$ 在区间 $[a,b]$ 上的积分. 对于一个任意的函数 $f(x)$, 我们可以找到一个充分大的正数 $c > 0$, 使得 $f(x) + c > 0$, 则定义

$$\int_a^b f(x)\mathrm{d}x = \int_a^b (f(x) + c)\mathrm{d}x - c(b - a).$$

容易验证以上数值不依赖于 c 的具体选取, 于是对于不严格的正值函数也可以定义积分了.

根据前面的定义知, 要算出函数 $f(x)$ 在区间 $[a,b]$ 上的积分不是件容易的事情, 比如要算积分 $\int_0^a f(x)\mathrm{d}x$, 则当 $n \to \infty$ 时, 要求如下级数

$$\frac{a}{n}\left[f\left(\frac{a}{n}\right) + f\left(\frac{2a}{n}\right) + \cdots + f\left(\frac{(n-1)a}{n}\right) \right]$$

的极限, 这是很困难的. 顺便指出, 我们这里定义的积分比数学分析中常用的黎曼积分更弱, 在此我们就不去追究这些细节了. 读者要了解不同定义下的积分, 可参见文献 [5].

现在我们感兴趣的问题是有没有简便的方法求出以上积分? 为此, 我们来考察 f 在区间 $[a,x]$ $(x > a)$ 上的积分 $\int_a^x f(t)\mathrm{d}t$. 从几何角度看, 每给定一个 x, 就可以算出对应的曲边梯形的面积, 因此我们可以得到一个关于 x 的函数 $F(x) = \int_a^x f(t)\mathrm{d}t$. 不失一般性, 以情形 $f(x) > 0, a = 0$ 为例来观察这个函数的变化情况. 参见图 5.15, 根据定义知阴影部分区域的面积为 $F(x + \Delta x) - F(x)$, 另一方面, 它可以近似看成一个长为 $f(x)$, 宽为 Δx 的矩形, 于是有

$$F(x + \Delta x) - F(x) \approx f(x)\Delta x.$$

上式两端除以 Δx, 直观上可以想见：

$$\lim_{\Delta x \to 0} \frac{F(x + \Delta x) - F(x)}{\Delta x} = f(x). \tag{5.4.1}$$

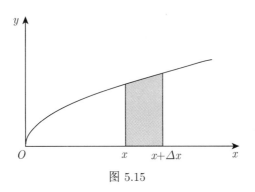

图 5.15

(5.4.1) 式的左端实即函数 $F(x)$ 差商的极限, 它就是我们通常意义下的 $F(x)$ 的导数. 在这里, 为了计算积分, 我们来研究导数.

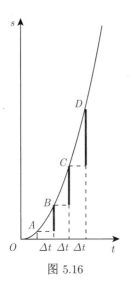

图 5.16

当然, 函数导数自身也是非常有意义的量, 那就是描述函数在每一点处变化快慢的程度, 即为变化率 [6]. 举个具体的例子, 在物理中研究瞬时速度就需要导数. 来看图 5.16, 这是一张距离-时间图像.

尽管时间间隔 Δt 取得一样, 但相应的距离变化量不一样 (图中的三段粗线). 如果引入平均速率

$$\bar{v} = \frac{\Delta s}{\Delta t},$$

就能看出 AB 段, BC 段, CD 段的平均速率不一样, 其中 CD 段最快, AB 段最慢.

对于一般的函数 $y = f(x)$, 如果在 x 处自变量有个变化 Δx, 相应的应变量 y 也有一个变化 Δy, 有时候不仅想要知道 y 的变化量 Δy, 还想知道 y 变化的快慢, 那么就仿照平均速率, 可以用 $\dfrac{\Delta y}{\Delta x}$ 来刻画. 不过平均速率是基于一个时段的路程变化而得的, 如果想要知道其中某一点处的瞬时速率, 我们就要考虑一个极限过程, 即

$$v = \lim_{\Delta t \to 0} \frac{\Delta s}{\Delta t}.$$

对于一般的函数 $y = f(x)$, 式子

$$\lim_{\Delta x \to 0} \frac{\Delta y}{\Delta x} = \lim_{\Delta x \to 0} \frac{f(x + \Delta x) - f(x)}{\Delta x}$$

89

第 5 章　刘–祖原理与面积和体积的计算

可理解为函数 y 在 x 处的变化率. 几何意义上, 它恰为 y 在 x 处切线的斜率.

我们取几个显式的函数 $f(x)$ 来算一下, 看看导数究竟是什么. 计算时, 先要算出

$$\frac{f(x+\Delta x) - f(x)}{\Delta x},$$

称之为 "差商", 几何意义是割线的斜率, 之后再算出它的极限. 为叙述方便, 以下记 $h = \Delta x$.

取 $f(x) = kx + b, k, b$ 是常数, 那么

$$\frac{f(x+h) - f(x)}{h} = \frac{[k(x+h)+b] - (kx+b)}{h} = k.$$

对于直线而言, 其变化率就是斜率. 这也很自然, 直观上, 函数图像如果是直线, 斜率越大, 函数的变化程度就越大.

关键是曲线的变化率不太好理解, 但是可以用 "以直代曲" 的思想, 用折线去逼近曲线, 折线的变化率容易计算 (就是斜率), 那么曲线的变化率也可以求得, 但这里就要有一个逼近的过程.

还是举些例子, 如 $f(x) = x^2$, 此时差商为

$$\frac{f(x+h) - f(x)}{h} = \frac{(x+h)^2 - x^2}{h}.$$

记 $A(x, x^2), B(x+h, (x+h)^2)$, 上式表示的是直线 AB 的斜率, 可以作为曲线 $y = x^2$ 在 AB 段的平均变化率, 如果让 $h \to 0$, 这就是一个逼近的过程. 然而计算极限时, 不能直接将 $h = 0$ 直接代入, 否则结果是 $0/0$, 没有意义. 为此, 要将差商变形而得

$$\frac{(x+h)^2 - x^2}{h} = 2x + h,$$

然后将 $h = 0$ 代入即可得变化率为 $2x$. 因此, 计算过程中的一个核心问题是如何求解 $0/0$ 型的函数极限.

再举一个例子, 取 $f(x) = \sqrt{x}$, 此时差商为

$$\frac{\sqrt{x+h} - \sqrt{x}}{h}.$$

接下来计算极限时还是不能将 $h = 0$ 代入, 否则又是 $0/0$. 于是对上式进行变形为

$$\frac{\sqrt{x+h} - \sqrt{x}}{h} = \frac{1}{\sqrt{x} + \sqrt{x+h}},$$

然后将 $h = 0$ 代入就没有什么问题了, 结果是 $\frac{1}{2\sqrt{x}}$.

我们来看看常用函数 $\sin x$ 的变化率, 此时差商为

$$\frac{\sin{(x+h)}-\sin x}{h} = \frac{2\cos{(x+h/2)}\sin{(h/2)}}{h} = \cos{(x+h/2)} \cdot \frac{\sin{(h/2)}}{h/2}.$$

如果只靠式子的变形, 我们已经无法前进了, 需要借助所谓的第一重要极限, 即

$$\lim_{x \to 0} \frac{\sin x}{x} = 1.$$

它不像普通的极限可以用平凡的手段得到, 我们这里不作证明. 有了它就能继续计算, 得出变化率是 $\cos x$.

考察指数函数的变化率, 例如 $f(x) = \mathrm{e}^x$, 计算它的差商, 有

$$\frac{\mathrm{e}^{x+h}-\mathrm{e}^x}{h} = \mathrm{e}^x \frac{\mathrm{e}^h-1}{h}.$$

接下来我们要用到第二重要极限, 即

$$\lim_{n \to \infty} \left(1 + \frac{1}{n}\right)^n = \mathrm{e} \approx 2.71828 \cdots.$$

它的一个等价描述是 $\lim\limits_{t \to 0}(1+t)^{\frac{1}{t}} = \mathrm{e}$. 在我们计算极限的过程中, e 本身就是用极限定义的, 如果不使用和它有关的性质, 肯定是行不通的. 于是令 $t = \mathrm{e}^h - 1$, 可知

$$\lim_{h \to 0} \frac{\mathrm{e}^h-1}{h} = \lim_{t \to 0} \frac{t}{\ln(1+t)} = \lim_{t \to 0} \frac{1}{\ln(1+t)^{\frac{1}{t}}} = \frac{1}{\ln \mathrm{e}} = 1.$$

即 e^x 在 x 处的变化率为 e^x, 和自身相同.

现在, 让我们再来考察前面猜测的结果 (5.4.1). 我们之前定义了函数

$$F(x) = \int_a^x f(t)\mathrm{d}t,$$

而极限

$$\lim_{\Delta x \to 0} \frac{F(x+\Delta x) - F(x)}{\Delta x}$$

给出了面积的变化率, 直观上应为 $f(x)$. 我们对 $f(x)$ 积分, 其实就是对 $F'(x)$ 积分. 于是我们期望成立公式:

$$F(b) - F(a) = \int_a^b F'(x)\mathrm{d}x,$$

这就是所谓的微积分基本定理: 牛顿–莱布尼茨公式. 那如何比较自然又严密地来推得这个结果呢? 林群院士从测量山的高度的角度给出了一个讨论 [7], 介绍如下.

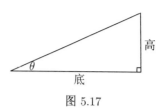

图 5.17

对于高度的测量, 先要用中学时候的三角函数来帮个忙. 见图 5.17, 我们知道

$$高 = 底 \times \tan\theta,$$

而 $\tan\theta$ 就是斜率. 有了这个式子以后, 比如测量树的高度, 就不用把树砍倒了再量.

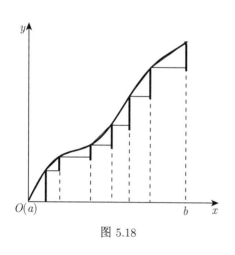

图 5.18

借助于斜率, 我们来计算一下积分. 将函数 $F(x)$ 想象成一个山坡, 为了测量山坡的高度, 将 $F(x)$ 用折线来替代, 每段折线的高度借助于斜率就能算出来, 而现在斜率就是 $F'(x)$, 见图 5.18. 图中我们将 a 点和原点重合, 并假设 $F(a) = 0$. 可以看到, 每一段折线的高度 (即图中的粗线) 可以借助于底 Δx_i 和斜率 $F'(x_i)$ 近似算出来, 山的总高度写成式子大约为

$$\sum_i F'(x_i)\Delta x_i.$$

同时所有的粗线加起来即为山的高度, 也就是

$$F(b) - F(a).$$

因此有

$$\sum_i F'(x_i)\Delta x_i \approx F(b) - F(a).$$

如果让 Δx_i 不断细分, 折线愈加逼近曲线, 上式左端的极限就是积分

$$\int_a^b F'(x)\mathrm{d}x,$$

而近似式也变为等式了.

接下来, 我们对以上观察作严格推导. 为此需要对 $F(x)$ 作若干假设. 我们已经知道, 当 $h \to 0$ 时, 有

$$\frac{F(x + h) - F(x)}{h} - F'(x) \to 0.$$

假设上式中差商与导数的差是可以被 $|h|$ 控制住的, 即有一个和 h 无关的常数 C, 使得

$$\left| \frac{F(x+h) - F(x)}{h} - F'(x) \right| \leqslant C|h|.$$

尽管这个假设很强, 但是对于绝大多数的初等函数都是成立的, 可以参见文献 [7].

将区间 $[a, b]$ 分成 n 段, 分割点 $a = x_1 < \cdots < x_n < x_{n+1} = b$, 记 $h_i = x_{i+1} - x_i$ 代表每一段的长度, 可称之为 "底". h 是所有 h_i 中最大的一个. 对 $k > 0$, 简记

$$\frac{F(x+k) - F(x)}{k} - F'(x) = R(x, k),$$

可称之为 "尾巴", 则由前面的假设知

$$|R(x_i, h_i)| \leqslant C h_i \leqslant C h,$$

就是说尾巴会被最大的底控制住. 接下来将 h_i 视作权, 那么 $R(x_i, h_i)$ 的加权平均

$$\frac{\sum\limits_{i=1}^{n} h_i R(x_i, h_i)}{\sum\limits_{i=1}^{n} h_i}$$

也会被最大的底控制住, 即

$$\left| \frac{\sum\limits_{i=1}^{n} h_i R(x_i, h_i)}{\sum\limits_{i=1}^{n} h_i} \right| \leqslant C h. \tag{5.4.2}$$

但是,

$$\sum_{i=1}^{n} h_i R(x_i, h_i)$$

$$= \sum_{i=1}^{n} h_i \left(\frac{F(x_i + h_i) - F(x_i)}{h_i} - F'(x_i) \right)$$

$$= \sum_{i=1}^{n} \left(F(x_i + h_i) - F(x_i) - F'(x_i) h_i \right)$$

$$= \sum_{i=1}^{n} \left(F(x_{i+1}) - F(x_i) \right) - \sum_{i=1}^{n} F'(x_i) h_i$$

$$= F(b) - F(a) - \sum_{i=1}^{n} F'(x_i) h_i,$$

而 $\displaystyle\sum_{i=1}^{n} h_i = b - a$, 故由 (5.4.2) 式知

$$\left| F(b) - F(a) - \sum_{i=1}^{n} F'(x_i)h_i \right| \leqslant C(b-a)h.$$

这就说明无论怎样分割, 只要最大的底趋近于零, 部分和 $\displaystyle\sum_{i=1}^{n} F'(x_i)h_i$ 都会趋于常数 $F(b) - F(a)$. 因此, $F'(x)$ 在 $[a,b]$ 上可积且积分为 $F(b) - F(a)$, 这样就获得了牛顿–莱布尼茨公式. 有了这个公式, 为求积分 $\displaystyle\int_a^b f(x)\mathrm{d}x$, 就只要求 $f(x)$ 的原函数 $F(x)$, 即一个函数 $F(x)$ 使得 $F'(x) = f(x)$ 就可以了, 从而大大简化了计算.

当然, 如果将牛顿–莱布尼茨公式写为以下形式:

$$\frac{\mathrm{d}}{\mathrm{d}x}\int_a^x f(t)\mathrm{d}t = f(x),$$

那就说明求导 (微分) 和积分互为逆运算, 将本来从定义来看风马牛不相及的两个概念密切联系起来了, 这也是为什么把牛顿–莱布尼茨公式称为微积分基本定理的原因 [8].

5.5　思考与超越: 微积分应用一例

在本节中, 我们来讲一个微积分的有趣应用. 来看图 5.19, 连接 O, A 两点, 我们造两个滑梯, 一个是普通滑梯, 即连接 O, A 两点的直线, 其方程为

$$y = \frac{2}{\pi}x, \quad 0 \leqslant x \leqslant \pi r;$$

还有另一个滑道, 这是条曲线, 它的参数方程是

$$\begin{cases} x = r(\theta - \sin\theta), \\ y = r(1 - \cos\theta), \end{cases} \quad 0 \leqslant \theta \leqslant \pi.$$

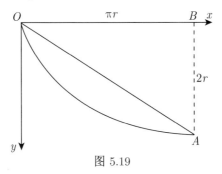

图 5.19

这条曲线相当著名, 它的意义是这样的: 有一个半径为 r 的轮子, 在其边界上选一点涂上红色, 轮子转动一圈, 这个红点划出的轨迹就是这条曲线了, 因此它有个名字叫旋轮线. 同时它也叫作摆线, 为何取这个名字, 我们将这个问题放一放.

我们想要问的问题是: 有两个小孩, 一个沿直线轨道下滑, 一个沿摆线轨道下滑, 他们同时出发, 谁先滑到底呢? 这里我们不考虑滑行时阻力的影响.

两点间自然直线最短, 然而现在要求所用的时间最少, 这就未必是直线占优了. 我们可以这样考虑: 若沿着曲线滑, 前半段的滑速比直线大, 用的时间少, 后半段滑速比直线小, 用的时间多, 那么综合起来到底鹿死谁手还未可知.

学习了微积分以后, 我们对于任意曲线的滑道, 来计算一下滑完全程的时间.

假设一个小孩从点 O 出发, 初始速度为零, 滑道光滑不计摩擦. 假设高度下降了 y, 那么势能 mgy 全部转化为了动能 $\frac{1}{2}mv^2$, 即

$$\frac{1}{2}mv^2 = mgy,$$

求得

$$v = \sqrt{2gy}.$$

我们知道速度 v 等于路程 s 对时间 t 的导数, 那么

$$\frac{\mathrm{d}s}{\mathrm{d}t} = \sqrt{2gy} \implies \mathrm{d}t = \frac{\mathrm{d}s}{\sqrt{2gy}}. \tag{5.5.1}$$

接下来我们要算出弧长, 见图 5.20, 当 Δx 比较小时, Δs 就近似等于 $\mathrm{d}s$. 在直角三角形 ACD 中,

$$\mathrm{d}s = \sqrt{(\mathrm{d}x)^2 + (\mathrm{d}y)^2},$$

简写为 $\mathrm{d}s = \sqrt{\mathrm{d}x^2 + \mathrm{d}y^2}$.

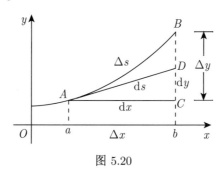

图 5.20

如果知道曲线的参数方程 $x = x(\theta), y = y(\theta), \alpha \leqslant \theta \leqslant \beta$, 那么

$$\mathrm{d}s = \sqrt{x'(\theta)^2 + y'(\theta)^2}\mathrm{d}\theta, \tag{5.5.2}$$

而弧长为

$$s = \int_\alpha^\beta \sqrt{\left(\frac{\mathrm{d}x}{\mathrm{d}\theta}\right)^2 + \left(\frac{\mathrm{d}y}{\mathrm{d}\theta}\right)^2}\mathrm{d}\theta = \int_\alpha^\beta \sqrt{x'^2 + y'^2}\mathrm{d}\theta.$$

如果曲线方程可以写成 $y = y(x)$, 这可以看作是参数方程的特例, 那么曲线在 $x = a$ 和 $x = b$ 两点之间的弧长是

$$s = \int_a^b \sqrt{1 + y'^2}\mathrm{d}x.$$

现在回过头来研究原问题, 由 (5.5.1) 和 (5.5.2) 式, 即可知

$$\mathrm{d}t = \frac{\mathrm{d}s}{\sqrt{2gy}} = \frac{\sqrt{x'^2 + y'^2}}{\sqrt{2gy}}\mathrm{d}\theta.$$

设轨线方程为 $x = x(\theta), y = y(\theta), \alpha \leqslant \theta \leqslant \beta$, 则从参数为 $\theta = \alpha$ 的点滑到参数为 $\theta = \beta$ 的点所需的时间为

$$T = \int_0^T \mathrm{d}t = \int_\alpha^\beta \frac{\sqrt{x'^2 + y'^2}}{\sqrt{2gy}}\mathrm{d}\theta.$$

如果轨线描述为 $y = y(x), a \leqslant x \leqslant b$, 那么

$$T = \int_a^b \frac{\sqrt{1 + y'^2}}{\sqrt{2gy}}\mathrm{d}x.$$

现在来计算一下具体的时间. 如果是直线轨道, 已知 $y = \frac{2}{\pi}x, 0 \leqslant x \leqslant \pi r$, 则时间

$$T_1 = \int_0^{\pi r} \frac{\sqrt{1 + (2/\pi)^2}}{\sqrt{4gx/\pi}}\mathrm{d}x = \sqrt{\frac{\pi}{g}\left(1 + \frac{4}{\pi^2}\right)}\int_0^{\pi r}\frac{1}{2\sqrt{x}}\mathrm{d}x = \sqrt{\frac{r(\pi^2 + 4)}{g}}.$$

如果是摆线轨道, 则时间

$$T_2 = \int_0^\pi \frac{\sqrt{[r(1 - \cos\theta)]^2 + (r\sin\theta)^2}}{\sqrt{2gr(1 - \cos\theta)}}\mathrm{d}\theta = \sqrt{\frac{r}{g}}\int_0^\pi \mathrm{d}\theta = \sqrt{\frac{r}{g}}\pi.$$

比较可知 $T_1 > T_2$, 即旋轮线滑梯上的小孩先到底部.

现在可能有个疑问, 到底怎样的轨线最省时间呢? 这是历史上著名的最速降线问题. 这个问题需要确定一个函数, 使得沿着这个函数确定的轨线滑行至底部所用的时间最短. 这并非我们通常熟悉的问题, 我们一般只对函数求极值, 现在却要对函数的函数求极值. 著名数学家雅可比·伯努利借助光行最速原理给出了一个漂亮的解法 [8]. 沿着这个问题继续深入研究, 推而广之, 即形成了现代数学中有广泛且重大影响的数学分支 —— 变分法 [9].

关于摆线还有一个奇妙的物理性质, 这是由 17 世纪荷兰物理学家惠更斯发现的: 对于一个摆线形状的容器, 在不同位置放个小球, 则它们滑到底部的时间是完全相同的, 均为 $\pi\sqrt{r/g}$. 兹证如下.

见图 5.21, 假设一个小球从 y_0 位置释放, 初速为零, 如果下降到高度 y 时具有的速度为 v, 那么减少的势能 $mg(y - y_0)$ 全部转化为动能 $\frac{1}{2}mv^2$, 于是

$$v = \sqrt{2g(y - y_0)}.$$

摆线参数方程

$$x = r(\theta - \sin\theta), \quad y = r(1 - \cos\theta),$$

假设初始位置对应的参数为 θ_0. 我们知道 $v = \dfrac{\mathrm{d}s}{\mathrm{d}t}$, 其中

$$\mathrm{d}s = \sqrt{\mathrm{d}x^2 + \mathrm{d}y^2} = \sqrt{(r(1 - \cos\theta))^2 + (r\sin\theta)^2}\,\mathrm{d}\theta = 2r\sin\frac{\theta}{2}\mathrm{d}\theta,$$

$$v = \sqrt{2g[r(1 - \cos\theta) - r(1 - \cos\theta_0)]} = \sqrt{2gr(\cos\theta_0 - \cos\theta)},$$

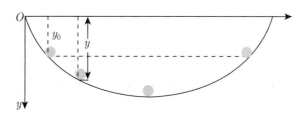

图 5.21　摆线的等时性

于是

$$\mathrm{d}t = \frac{\mathrm{d}s}{v} = \sqrt{\frac{2r}{g}}\frac{\sin\dfrac{\theta}{2}}{\sqrt{\cos\theta_0 - \cos\theta}}\mathrm{d}\theta = \sqrt{\frac{r}{g}}\frac{\sin\dfrac{\theta}{2}}{\sqrt{\cos^2\dfrac{\theta_0}{2} - \cos^2\dfrac{\theta}{2}}}\mathrm{d}\theta.$$

我们要计算初始位置 (对应 $\theta = \theta_0$) 到底部 (对应 $\theta = \pi$) 所需的时间 T. 事实上,

$$T = \int_0^T \mathrm{d}t = \int_{\theta_0}^{\pi} \sqrt{\frac{r}{g}}\frac{\sin\dfrac{\theta}{2}}{\sqrt{\cos^2\dfrac{\theta_0}{2} - \cos^2\dfrac{\theta}{2}}}\mathrm{d}\theta$$

$$= -2\sqrt{\frac{r}{g}}\int_{\theta_0}^{\pi}\frac{\mathrm{d}\left(\cos\dfrac{\theta}{2}\right)}{\sqrt{\cos^2\dfrac{\theta_0}{2} - \cos^2\dfrac{\theta}{2}}}.$$

令 $\cos\dfrac{\theta}{2} = u, \cos\dfrac{\theta_0}{2} = a$, 那么

$$T = -2\sqrt{\frac{r}{g}}\int_a^0 \frac{\mathrm{d}u}{\sqrt{a^2-u^2}} = -2\sqrt{\frac{r}{g}}\arcsin\frac{u}{a}\Big|_a^0 = \pi\sqrt{\frac{r}{g}}.$$

这就是摆线的等时性, 借助这个性质我们就可以制作摆钟了. 正是因为这个性质, 人们也将旋轮线称为摆线.

思考与练习 5.5.1

1. 计算曲线 $y = x^3$ 与直线 $x = 1, y = 0$ 围成的曲边三角形的面积. 请运用 "割圆术" 的思想, 找该曲边三角形的一个逼近图形, 并计算逼近图形的面积, 再通过求极限最后得到曲边三角形的面积.

2. 已知半径为 r 的球的体积为 $\dfrac{4}{3}\pi r^3$, 由此导出相应球面面积的计算公式.

3. 根据球的体积公式, 利用刘–祖原理, 导出由椭球面

$$\frac{x^2}{a^2} + \frac{y^2}{b^2} + \frac{z^2}{c^2} = 1$$

包围的椭球体的体积公式, 式中 a, b 和 c 均为正数.

4. 借助刘–祖原理, 参考图 5.22 来推导出球的体积计算公式.

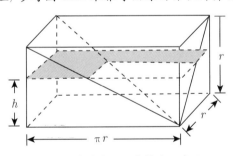

图 5.22 球的体积公式推导示意图 3

5. 如果已经知道质点行进距离 s 和时间 t 有如下函数关系:

$$s(t) = 2t + 3t^2 + 4t^3,$$

求出质点的运动速度.

6. 求在第一象限中的一条曲线, 使其上每一点的切线与两坐标轴间围成的三角形的面积都等于 2.

7. 对于两端固定在 $P_1(x_1, y_1)$ 和 $P_2(x_2, y_2)$ 的曲线, 取何形状 $y = y(x)$ 时, 才可使曲线绕 x 轴旋转所得的旋转曲面的面积最小?

参考文献

[1] 吴文俊. 吴文俊文集 [M]. 济南: 山东教育出版社, 1986.

[2] 吴文俊. 数学机械化 [M]. 北京: 科学出版社, 2003.

[3] 龚昇. 从刘徽割圆谈起 [M]. 北京: 科学出版社, 2002.

[4] 王树禾. 数学演义 [M]. 北京: 科学出版社, 2004.

[5] 齐民友. 重温微积分 [M]. 北京: 高等教育出版社, 2008.

[6] 华罗庚. 高等数学引论: 第一册 [M]. 北京: 高等教育出版社, 2009.

[7] 林群. 微积分快餐, 2 版 [M]. 北京: 科学出版社, 2011.

[8] R. Courant, H. Robbins. What is Mathematics?, 2nd ed. [M]. New York: Oxford University Press, 1996.

[9] 张恭庆. 变分学讲义 [M]. 北京: 高等教育出版社, 2011.

第6章

中国剩余定理(大衍求一术)

6.1 《孙子算经》与 "物不知其数"

《孙子算经》是中国古代的一部重要的数学著作, 其确切的成书年月已无从考证 [1, 2]. 书中有 "物不知其数" 一问, 原文如下: "今有物不知其数, 三三数之剩二, 五五数之剩三, 七七数之剩二, 问物几何？"

这个问题不难解决, 首先获得被 3 除余 2 的自然数, 那么所有的可能是 2, 5, 8, $\cdots$, 其中第一个被 5 除余 3 的是 8. 接下来在 8 的基础上加上 3 和 5 的最小公倍数 15, 仍旧能具有被 3 除余 2、被 5 除余 3 的性质. 这样, 8 加上 15 是 23, 而 23 除以 7 恰余 2, 那么 23 就是所要求的. 实际上, 再加上 3, 5, 7 的最小公倍数 105 也是解, 则所要求的全部结果是 $23 + 105k, k \in \mathbb{N}$, 其中最小的是 23. 还有一个更简单的办法, 被 3 和 7 除余 2, 就是被 21 除余 2, 最小为 23, 而 23 除以 5 恰余 3.

我国古代数学家是怎么回答这个问题的呢? 有如下四句口诀:

三人同行七十稀, 五树梅花廿一枝,

七子团圆月正半, 除百零五便得知.

这几句口诀见明代程大位著的《算法统宗》, 它的意义是: 用 70 乘以被 3 除所得的余数, 21 乘以被 5 除所得的余数, 15 乘以被 7 除所得的余数, 然后加总求和. 如果它大于 105, 则减去 105, 如果还大再减, 直到最后小于 105, 得出来的正整数就是答数了. 以《孙子算经》上的例子来说明, 它的形式是

$$2 \times 70 + 3 \times 21 + 2 \times 15 = 233.$$

两次减去 105, 得 23, 这就是答数了.

那么, 这么做的道理是什么呢? 为什么 70, 21, 15 这三个数字可以解决问题?

来看数 70, 21 和 15 的性质: 70 是这样的一个数, 它是被 3 除余 1, 被 5 与 7 都除得尽的数, 所以 70a 是一个被 3 除余 a 而被 5 与 7 整除的数; 21 是被 5 除余

1 而被 3 与 7 整除的数, 所以 21b 是被 5 除余 b 而被 3 与 7 整除的数; 同样, 15c 是被 7 除余 c, 而被 3 与 5 整除的数. 总的来说,

$$70a + 21b + 15c$$

是一个被 3 除余 a, 被 5 除余 b, 被 7 除余 c 的数, 也就是可能的解答之一, 但可能不是最小的, 这数加减 105 都仍然有同样的性质, 所以可以多次减去 105 而得出解答来.

关于怎么求出 70, 21, 15 这三个数字, 就要用到我们下面介绍的同余理论了, 这是数论中的一个重要内容 [3].

6.2 同余及其基本性质

什么叫同余呢? 字面意思上就是说余数相同. 如果两个整数 a 和 b 被另一个整数 m 除, 得到的余数相同, 那么我们称两个整数 a, b 关于 m 同余, m 称为模. 此时, a − b 显然是 m 的倍数, 我们可以引入如下定义:

定义 6.2.1   令 m 为一正整数, 若 a − b 是 m 的倍数, 则称 a, b 对模 m 同余. 用符号表之, 即

$$a \equiv b \,(\mathrm{mod}\ \ m).$$

也就是说, 用 m 除 a, b 有相同的余数.

如果 a, b 关于模 m 不同余, 则可以写成:

$$a \not\equiv b \,(\mathrm{mod}\ \ m).$$

我们可以将上述定义简记如下:

$$m|(a-b) \Longleftrightarrow a \equiv b \,(\mathrm{mod}\ \ m).$$

另外, 同余式

$$a \equiv b \,(\mathrm{mod}\ \ m)$$

与等式

$$a = km + b, \quad k \in \mathbb{Z}$$

是等价的.

如果采用同余记号, 孙子问题可以这样表述: 寻找自然数 x, 使其满足

$$\begin{cases} x \equiv 2 \,(\mathrm{mod}\ \ 3), \\ x \equiv 3 \,(\mathrm{mod}\ \ 5), \\ x \equiv 2 \,(\mathrm{mod}\ \ 7). \end{cases}$$

这就是要解一个同余方程组了.

接下来介绍一些关于同余的基本性质.

1. 由于 $a-a=0$ 是 m 的倍数, 于是,

- (自反性)　$a \equiv a\,(\mathrm{mod}\ m)$.

2. 如果 $a-b$ 是 m 的倍数, 则自然 $b-a$ 也是 m 的倍数, 于是,

- (对称性)　若 $a \equiv b\,(\mathrm{mod}\ m)$, 则 $b \equiv a\,(\mathrm{mod}\ m)$.

3. 若 $a-b$ 是 m 的倍数, $b-c$ 是 m 的倍数, 则 $a-c=(a-b)+(b-c)$ 也是 m 的倍数, 于是,

- (传递性)　若 $a \equiv b\,(\mathrm{mod}\ m)$, $b \equiv c\,(\mathrm{mod}\ m)$, 则 $a \equiv c\,(\mathrm{mod}\ m)$.

以上三条性质说明同余是一个等价关系.

4. 若 $a-b$ 是 m 的倍数, $c-d$ 是 m 的倍数, 那么 $(a \pm c)-(b \pm d)=(a-b) \pm (c-d)$ 是 m 的倍数, 于是,

- (等式求和差性)　若 $a \equiv b\,(\mathrm{mod}\ m)$, $c \equiv d\,(\mathrm{mod}\ m)$, 则 $a+c \equiv b+d\,(\mathrm{mod}\ m)$ 及 $a-c \equiv b-d\,(\mathrm{mod}\,m)$.

5. 若 $a-b$ 是 m 的倍数, $c-d$ 是 m 的倍数, 那么 $ac-bd=a(c-d)+d(a-b)$ 是 m 的倍数, 于是,

- (等式求积性)　若 $a \equiv b\,(\mathrm{mod}\ m)$, $c \equiv d\,(\mathrm{mod}\ m)$, 则 $ac \equiv bd\,(\mathrm{mod}\ m)$.

以上的性质比较容易记忆的, 因这些性质和等式的性质是相同的. 但接下来就要注意了, 同余式两边不能随意同除以一个数, 也就是说消去律并不成立. 如果 $ac \equiv bc\,(\mathrm{mod}\ m)$, 那么 $ac-bc=c(a-b)$ 是 m 的倍数, 一般不能认为 $a-b$ 是 m 的倍数, 即无法得出 $a \equiv b\,(\mathrm{mod}\ m)$. 举个例子: $6 \equiv 10\,(\mathrm{mod}\ 4)$, 但 $3 \not\equiv 5\,(\mathrm{mod}\ 4)$.

那什么时候消去律可以成立呢? 当 c 与 m 的最大公约数是 1 时就可以了.

6. 若 $ac \equiv bc\,(\mathrm{mod}\ m)$, 且 $(c,m)=1$, 则 $a \equiv b\,(\mathrm{mod}\ m)$.

更一般地, 有

7. 若 $ac \equiv bc\,(\mathrm{mod}\ m)$, 且 $(c,m)=d$, 则 $a \equiv b\left(\mathrm{mod}\ \dfrac{m}{d}\right)$.

这是因为 $c(a-b)$ 是 m 的倍数, 则 $\dfrac{c}{d}(a-b)$ 是 $\dfrac{m}{d}$ 的倍数, 但 $\dfrac{c}{d}$ 与 $\dfrac{m}{d}$ 是互质的, 于是 $a-b$ 是 $\dfrac{m}{d}$ 的倍数.

再介绍一个常用的性质.

8. (等式求幂性)　若 $a \equiv b\,(\mathrm{mod}\ m)$, 则 $a^n \equiv b^n\,(\mathrm{mod}\ m)$.

这个结果是说, 如果 $a-b$ 是 m 的倍数, 那么 a^n-b^n 也是 m 的倍数. 要证明很简单, 因为 a^n-b^n 含有因式 $a-b$, 结论也就自然成立了. 也可以使用二项式定理来证明.

现在来考虑含两个同余方程的方程组的求解. 首先关心的问题自然是解是否

存在. 若已知同余式组

$$
\begin{cases}
x \equiv a_1 \,(\mathrm{mod}\ \ m_1), \\
x \equiv a_2 \,(\mathrm{mod}\ \ m_2).
\end{cases}
\tag{6.2.1}
$$

从第一式可知存在整数 y, 使得 $x = a_1 + m_1 y$; 从第二式可知存在整数 z, 使得 $x = a_2 + m_2 z$. 如果要求两个同余式有公共解, 那就要问是否有整数 y 和 z, 使得

$$
a_1 + m_1 y = a_2 + m_2 z
$$

或

$$
m_2 z - m_1 y = a_1 - a_2.
\tag{6.2.2}
$$

这样我们得到了一个方程, 与以前所碰到的问题不一样, 我们要从一个等式中确定两个未知数, 这种新的方程叫作不定方程. 对于不定方程而言, 我们一般只关心整数解.

上面我们得到的形如 $ax + by = c$ 的方程称为二元一次不定方程. 接下来的内容就针对这个方程展开.

6.3　辗转相除法与二元一次不定方程的求解

我们再来看看孙子的"物不知其数"问题, 它和本节所要讲的内容是有联系的.

四句口诀中提到的 $70, 21, 15$ 这三个数字, 前文也讲了其意义所在, 拿 70 来说, 它模 3 余 1, 模 5 余 0, 模 7 余 0. 假设我们一开始不知道 70 这个结果, 那我们的问题是要寻求 x, 使得

$$
\begin{cases}
x \equiv 1 \,(\mathrm{mod}\ \ 3), \\
x \equiv 0 \,(\mathrm{mod}\ \ 5), \\
x \equiv 0 \,(\mathrm{mod}\ \ 7).
\end{cases}
$$

后两式可以合并成

$$
x \equiv 0 \,(\mathrm{mod}\ \ 35).
$$

再结合第一个同余式, 我们知道问题可以转化为求解二元一次不定方程的整数解. 对于第一式而言, 我们要寻求满足 $3y + 1$ 的数, 并且要求它同时能是 35 的倍数, 那么就有方程

$$
3y + 1 = 35z.
$$

如何求解呢? 我们要从辗转相除法谈起.

辗转相除法用来求两个数的最大公约数. 给出两个正整数 a 和 b, 用 b 除 a 得商 a_0, 余数 r, 写成式子即

$$a = a_0 b + r, \quad 0 \leqslant r < b.$$

这是我们熟知的带余除法.

记号 (a, b) 表示 a 和 b 的最大公约数. 根据 $(a, b) = (a - b, b)$, 就有 $(a, b) = (a - a_0 b, b) = (r, b)$. (想一想, 为什么会有 $(a, b) = (a - b, b)$？) 这样就转换成了求两个较小的数 r 与 b 的最大公约数的问题.

如果一直利用带余除法做下去, 则有

$$b = a_1 r + r_1, \quad 0 \leqslant r_1 < r,$$
$$r = a_2 r_1 + r_2, \quad 0 \leqslant r_2 < r_1,$$
$$r_1 = a_3 r_2 + r_3, \quad 0 \leqslant r_3 < r_2,$$
$$\cdots\cdots$$
$$r_{n-1} = a_{n+1} r_n + r_{n+1}, \quad 0 \leqslant r_{n+1} < r_n,$$
$$r_n = a_{n+2} r_{n+1}.$$

我们就有

$$(a, b) = (b, r) = (r, r_1) = (r_1, r_2) = \cdots = (r_n, r_{n+1}) = r_{n+1}.$$

应该注意的是, 我们每次做带余除法所得到的余数是严格减小的, 因此有限次后, 运算一定会终止. 上述方法即为辗转相除法.

例 6.3.1　求 34371 与 14137 的最大公约数.

解　用辗转相除法, 有

$$34371 = 2 \times 14137 + 6097,$$
$$14137 = 2 \times 6097 + 1943,$$
$$6097 = 3 \times 1943 + 268,$$
$$1943 = 7 \times 268 + 67,$$
$$268 = 4 \times 67.$$

最后一步余数为 0, 其除数 67 就是所要求的 34371 与 14137 的最大公约数.

关于辗转相除法, 在中国古代数学中称之为 "更相减损术", 有相当精辟的论述: "以少减多, 更相减损, 求其等也". 也就是说, 两个数反复以大数减小数, 最后定有两个数相等, 而且恰好是原来两个数的最大公约数.

从中国传统数学算法谈起

借助辗转相除法, 我们就能来解二元一次不定方程. 举例来说, 假如要寻找 x, y 满足

$$34371x + 14137y = 67,$$

那么我们对 34371 和 14137 辗转相除, 这件事我们之前已经做过了, 下面要做的事情是将整个过程倒回去. 根据

$$1943 = 7 \times 268 + 67,$$

有

$$67 = 1943 - 7 \times 268.$$

类似地, 有

$$268 = 6097 - 3 \times 1943,$$
$$1943 = 14137 - 2 \times 6097,$$
$$6097 = 34371 - 2 \times 14137.$$

综合以上各式, 得到

$$\begin{aligned}
67 &= 1943 - 7 \times 268 \\
&= 1943 - 7 \times (6097 - 3 \times 1943) \\
&= 22 \times 1943 - 7 \times 6097 \\
&= 22 \times (14137 - 2 \times 6097) - 7 \times 6097 \\
&= 22 \times 14137 - 51 \times 6097 \\
&= 22 \times 14137 - 51 \times (34371 - 2 \times 14137) \\
&= 124 \times 14137 - 51 \times 34371.
\end{aligned}$$

这样就找到了解

$$x = -51, \quad y = 124.$$

从例子中可以看出一般的理论, 如果我们做辗转相除法, 得到

$$\begin{aligned}
a &= a_0 b + r, & 0 \leqslant r < b, \\
b &= a_1 r + r_1, & 0 \leqslant r_1 < r, \\
r &= a_2 r_1 + r_2, & 0 \leqslant r_2 < r_1, \\
r_1 &= a_3 r_2 + r_3, & 0 \leqslant r_3 < r_2,
\end{aligned}$$

$$\cdots\cdots$$

$$r_{n-1} = a_{n+1}r_n + r_{n+1}, \quad 0 \leqslant r_{n+1} < r_n,$$

$$r_n = a_{n+2}r_{n+1}.$$

于是 a,b 的最大公约数 $d = r_{n+1}$. 而由倒数第二式, r_{n+1} 可表示为 r_n 与 r_{n-1} 的一次式; 再由倒数第三式, r_n 可表示为 r_{n-1} 与 r_{n-2} 的一次式; 以此类推, 就能将 r_{n+1} 表示为 a 与 b 的一次式, 其最后的系数就是二元一次不定方程

$$ax + by = d, \quad d = (a,b)$$

的解, 记 $a_1 = a/d, a_2 = b/d$, 那么化简上述方程, 就有

$$a_1 x + b_1 y = 1, \quad (a_1, b_1) = 1.$$

这类方程就一定有解, 其解可以通过辗转相除法得到. 我们可以得到如下结论:

定理 6.3.1　整数 a 与 b 互素的充分必要条件是二元一次不定方程 $ax + by = 1$ 有解.

$ax + by = 1, (a,b) = 1$ 这种方程是重要的, 我国数学家陈景润在他的《初等数论》一书中, 就提出一个精彩的观点 [4]: 如果 x_0, y_0 是一组解 (解一定存在, 且可以通过辗转相除法得到), 那么方程两边同乘 c, 有

$$a(cx) + b(cy) = c,$$

则 cx_0, cy_0 是 $ax + by = c$ 的解. 从 "1" 突破, 由一个特殊情况入手, 解决了一般情况.

现在来考虑其他解如何求. 观察方程 $ax + by = c$, 我们可以发现: 如果 x 减少值 b, 那么只要 y 增加值 a, 就可以保证 $ax + by$ 的值不变, 仍然是 c. 其实按照这个规律就能构造通解, 我们给出如下结论:

定理 6.3.2　不定方程 $ax + by = c$, 其中 a,b 互质, 若 $\{x_0, y_0\}$ 是一组特解, 那么通解可以如下表示:

$$x = x_0 - bk, \quad y = y_0 + ak, \quad k \in \mathbb{Z}.$$

证明　$ax + by = c$ 与 $ax_0 + by_0 = c$ 相减, 得

$$a(x - x_0) + b(y - y_0) = 0.$$

从上式可以得出, $a | b(y - y_0)$, 由于 a,b 互质, 于是 $a | y - y_0$. 因此可以假设

$$y - y_0 = ak, \quad k \in \mathbb{Z}.$$

这样 $x - x_0 = -b(y - y_0)/a = -bk$, 可证得结论. □

从中国传统数学算法谈起

注 6.3.1 仍旧考察方程 $ax + by = c$, 如果 a, b 的最大公约数是 $d > 1$, 利用辗转相除法可以得到 x_0, y_0 满足 $ax_0 + by_0 = d$, 若 c 是 d 的倍数, 则方程有解, 否则无解. 接下来, $a(cx_0/d) + b(cy_0/d) = c$, 于是 $cx_0/d, cy_0/d$ 是 $ax + by = c$ 的特解, 则通解为

$$x = \frac{cx_0}{d} - \frac{b}{d}k, \quad y = \frac{cy_0}{d} + \frac{a}{d}k, \quad k \in \mathbb{Z}.$$

下面来看看数学家对于二元一次不定方程的想法, 这一定程度上体现了大学数学的思维方式.

给定两个整数 a, b, 考虑怎样的整数 n, 使得 $ax + by = n$ 具有整数解 (x, y)? 将所有这样的 n 拿来形成一个集合, 记为 S.

容易发现, S 具有下述两个性质:

1. 若 $j \in S, k \in S$, 则 $j + k \in S$.

2. 若 $j \in S, m$ 是一个整数, 则 j 的倍数 $mj \in S$.

那么来思考这样一个问题: 集合 S 具有怎样的结构呢?

考察集合 S 中最小的正整数 d(d 的存在性的说明需要所谓的 "最小数原理", 即非空正整数集必有最小元素), 对于 S 中的任意一个元素 a, 由带余除法知, 存在整数 q, r, 使得

$$a = qd + r, \quad 0 \leqslant r < d.$$

如果 $r \neq 0$, 将会发生一件有趣的事. 由于 $r = a + (-q)d$, 利用集合 S 满足的两条性质, 就知道 r 也是 S 中的元素, 但是 $0 < r < d$, 这岂不是找到了一个比最小正整数 d 还要小的正整数? 这个矛盾说明了 r 只能为零, 这意味着集合 S 中的任意元素 a 一定是 d 的倍数, 而这个 d 是 S 中的最小正整数, S 的结构就清楚了.

关于二元一次不定方程, 我们讲两个例子.

例 6.3.2 有两个容器, 一个容量是 21 升, 一个容量是 16 升. 如何才能从一桶油中倒出 3 升油来?

解 为解决此问题, 我们先来求解如下的不定方程:

$$21x + 16y = 3.$$

对 21 和 16 进行辗转相除计算如下:

$$21 = 1 \times 16 + 5,$$
$$16 = 3 \times 5 + 1,$$
$$5 = 5 \times 1.$$

于是

$$1 = 16 - 3 \times 5 = 16 - 3 \times (21 - 1 \times 16) = 4 \times 16 - 3 \times 21,$$

从而

$$3 = 12 \times 16 - 9 \times 21.$$

这表示, 可以往 16 升的小容器里倒 12 次油, 每当倒满时就往 21 升的大容器里倒, 如果大容器满了就往油桶里倒, 当大容器第 9 次倒满时, 小容器里剩下的就是 3 升的油.

注 6.3.2 借助于一次不定方程, 对于以上例题一般情形也可以求解. 试着想一想, 如果给出两个容器, 一个容量是 a 升, 一个容量是 b 升, 是否任意体积的油都可以倒出来呢?

注 6.3.3 我们刚才求出的是一组特解 $x = -9, y = 12$, 进一步可以知道通解

$$x = -9 - 16k, \quad y = 12 + 21k, \quad k \in \mathbb{Z}.$$

取 $k = -1$, 就得到另一组解 $x = 7, y = -9$. 这也表示一种方法, 往 21 升的大容器里倒 7 次油, 每当倒满就往 16 升的小容器里倒, 若小容器满了就往油桶里倒, 当小容器第 9 次倒满时, 大容器里剩下的就是 3 升油. 当然实际上存在无穷多种方法, 不过刚才的方法是操作次数最少的, 想一想为什么?

例 6.3.3 百鸡问题是《张丘建算经》中一个著名的不定方程问题, 问题是:

今有鸡翁一, 值钱五, 鸡母一, 值钱三, 鸡雏三, 值钱一. 凡百钱买百鸡, 问鸡翁母雏各几何?

解 假设公鸡有 x 只, 母鸡有 y 只, 小鸡有 z 只, 那么可以根据题意列出如下方程:

$$\begin{cases} x + y + z = 100, \\ 5x + 3y + \dfrac{z}{3} = 100. \end{cases}$$

可以选择消去一个变量, 例如消去变量 z, 那么

$$7x + 4y = 100.$$

这是一个二元一次不定方程.

用辗转相除法求得 $7x + 4y = 1$ 的一组解 $x = -1, y = 2$, 那么 $x = -100, y = 200$ 就是 $7x + 4y = 100$ 的一组解. 所有解为

$$x = -100 - 4k, \quad y = 200 + 7k, \quad k \in \mathbb{Z}.$$

考虑到 $x \geqslant 0, y \geqslant 0$, 那么

$$-\frac{200}{7} \leqslant k \leqslant -25.$$

于是 $k = -25, -26, -27, -28$, 可得四组解:

$$(x, y, z) = (0, 25, 75), \quad (4, 18, 78), \quad (8, 11, 81), \quad (12, 4, 84).$$

如果只认同正整数解, 那么只有后三组, 实际上张丘建本人给出的就是后三组解.

注 6.3.4 张丘建只用一句话就给出了解法: 鸡翁每增四, 鸡母每减七, 鸡雏每益三即得. 这其实给出了构造通解的方法. 考虑方程 $7x + 4y = 100$, 如果 x 增加 4, y 减少 7, 那么 $7x + 4y$ 的值仍然保持不变, 于是可以构造 $7x + 4y = 100$ 的通解. 根据关系 $x + y + z = 100$ 可知, 若 x 增加 4, y 减少 7, 那么 z 要增加 3. 问题是如何求出第一组解呢?

注 6.3.5 还可以这么看, 记

$$A = \begin{bmatrix} 1 & 1 & 1 \\ 5 & 3 & 1/3 \end{bmatrix}, \quad \boldsymbol{b} = \begin{bmatrix} 100 \\ 100 \end{bmatrix}, \quad \boldsymbol{x} = \begin{bmatrix} x_1 \\ x_2 \\ x_3 \end{bmatrix}.$$

我们先来解方程组 $A\boldsymbol{x} = \boldsymbol{b}$. 对该方程组的增广矩阵作初等行变换, 可得

$$\begin{bmatrix} 1 & 1 & 1 & 100 \\ 5 & 3 & 1/3 & 100 \end{bmatrix} \longrightarrow \begin{bmatrix} 1 & 0 & -4/3 & -100 \\ 0 & 1 & 7/3 & 200 \end{bmatrix}.$$

于是 $A\boldsymbol{x} = \boldsymbol{b}$ 的通解为

$$\begin{bmatrix} -100 \\ 200 \\ 0 \end{bmatrix} + \begin{bmatrix} 4/3 \\ -7/3 \\ 1 \end{bmatrix} c,$$

式中 c 是参数. 如果 c 是 3 的整数倍, 即 $c = 3k$, 那么方程组的整数解为

$$\begin{bmatrix} -100 \\ 200 \\ 0 \end{bmatrix} + \begin{bmatrix} 4 \\ -7 \\ 3 \end{bmatrix} k, \quad k \in \mathbb{Z}.$$

该方法存在局限性, 只要用同样的方法去做 $ax + by = c$ 便知. 如果求解 $A\boldsymbol{x} = \boldsymbol{b}$ 得通解 $\boldsymbol{x} = c\boldsymbol{\xi} + \boldsymbol{\eta}$, 若 $\boldsymbol{\xi}$ 中存在非整数元素, 调整参数 c 即可, 这很方便, 但如果 $\boldsymbol{\eta}$ 存在非整数元素, 调整 c 就不那么容易, 最后还是要回到求解不定方程.

我们想说明的是: 求不定方程的思想, 即求出特解, 给出通解的构造方法, 这一点和我们线性代数里学到的求解线性方程组的方法是一致的. 另外, 对于某些特殊的问题, 也可以先获得线性方程组的有理数通解, 再对参数进行合理选取, 得到不定方程组的整数解.

回到对同余式组的考察, 由于其等价于求解不定方程, 我们有如下结果:

定理 6.3.3　同余式组

$$\begin{cases} x \equiv a_1 \,(\text{mod}\ \ m_1), \\ x \equiv a_2 \,(\text{mod}\ \ m_2) \end{cases}$$

有解的充分必要条件是 m_1, m_2 的最大公约数除尽 $a_1 - a_2$.

本节最后, 给出用辗转相除法求解一次不定方程的 MATLAB 程序.

```
function [d,x,y]=IndefiniteEq(a,b)
% 输入正整数 a 和 b, 求出 a,b 的最大公约数 d, 并给出不定方程 ax+by=d
 的一组特解
q=[];r=[];
q=floor(a/b);
r=a-b*q;
while r>0
    a=b;b=r(end);
    q=[q floor(a/b)];
    r=[r a-b*q(end)];
end
if length(r)==1
    d=b;
else
    d=r(end-1);
end
if length(q)==1
    x=1;y=1-q*x;
elseif length(q)==2
    x=1;y=-q(end-1);
else
    x=1;y=-q(end-1);
    for i=1:length(q)-2
        temp=y;
        y=x-q(end-i-1)*temp;
        x=temp;
    end
end
```

程序中要求输入两个正整数 a,b, 输出的结果是 a,b 的最大公约数 d 以及不定方程 $ax + by = d$ 的一组特解. 有了特解 x_0, y_0 以后就能写出不定方程的通解:

$$\begin{cases} x = x_0 - \dfrac{b}{d}k, \\ y = y_0 + \dfrac{a}{d}k, \end{cases}$$

式中 k 是任意整数.

举例来说, 如果执行程序:

```
>>[d,x,y]=IndefiniteEq(34371,14137)
```

结果就是

$$d = 67, \quad x = -51, \quad y = 124.$$

该结果表示 34371 和 14137 的最大公约数是 67, 不定方程

$$34371x + 14137y = 67$$

的一组特解是

$$x = -51, \quad y = 124.$$

于是其通解为

$$\begin{cases} x = -51 - 211k, \\ y = 124 + 513k, \end{cases}$$

式中 k 是任意整数.

6.4 插值法的思想

孙子的算法提供了一个数学上很重要的原则和方法, 我们结合下述问题来体会:

试求一个二次多项式, 在 a, b, c 三处分别取值 α, β, γ.

假设该函数为 $f(x) = f_0 + f_1 x + f_2 x^2$, 那么通过求解方程组

$$\begin{cases} f_0 + f_1 a + f_2 a^2 = \alpha, \\ f_0 + f_1 b + f_2 b^2 = \beta, \\ f_0 + f_1 c + f_2 c^2 = \gamma \end{cases}$$

可得结果, 这是比较容易想到的方法. 不过如果我们增加点的个数, 则要求解的方程组就会变得相当麻烦.

孙子算法给我们提供了解决这一问题的新途径: 作一个函数 $p(x)$, 在 a 处取值 1, 在 b, c 处都取 0; 类似地, 作函数 $q(x)$, 在 b 处取值 1, 在 a, c 处取值 0; 作函数 $r(x)$, 在 c 处取值 1, 在 a, b 处取 0. 这样,

$$\alpha p(x) + \beta q(x) + \gamma r(x)$$

就符合要求了.

函数 $p(x)$ 可以这样确定: 由于它是二次多项式, 且在 b, c 处取值为 0, 因此必有因式 $x - b$ 和 $x - c$. 故知 $p(x) = k(x - b)(x - c)$, 再根据 $p(a) = 1$ 定出系数 $k = \dfrac{1}{(a - b)(a - c)}$, 于是

$$p(x) = \frac{(x - b)(x - c)}{(a - b)(a - c)}.$$

同理可得,

$$q(x) = \frac{(x - a)(x - c)}{(b - a)(b - c)}, \quad r(x) = \frac{(x - a)(x - b)}{(c - a)(c - b)}.$$

因此, 函数

$$\alpha \frac{(x - b)(x - c)}{(a - b)(a - c)} + \beta \frac{(x - a)(x - c)}{(b - a)(b - c)} + \gamma \frac{(x - a)(x - b)}{(c - a)(c - b)}$$

就是问题之解.

其实, 上式就是 Lagrange 插值公式. 我们刚才介绍的正是插值法的思想.

更一般的情况是这样的: 假设有 n 个不同的点 $(a_1, \alpha_1), (a_2, \alpha_2), \cdots, (a_n, \alpha_n)$, 那么可以确定一个 $n - 1$ 次多项式:

$$\alpha_1 \frac{(x - a_2) \cdots (x - a_n)}{(a_1 - a_2) \cdots (a_1 - a_n)} + \alpha_2 \frac{(x - a_1)(x - a_3) \cdots (x - a_n)}{(a_2 - a_1)(a_2 - a_3) \cdots (a_2 - a_n)}$$
$$+ \cdots + \alpha_n \frac{(x - a_1) \cdots (x - a_{n-1})}{(a_n - a_1) \cdots (a_n - a_{n-1})}.$$

从三个点的情况可以自然推广到以上 n 个点的公式.

我们能看到插值法和孙子方法的相通之处. 在孙子算法中, 也是根据类似思想得到 $70, 21, 15$ 这三个关键数字的.

6.5　中国剩余定理

我们沿用孙子算法的思想, 并将之推广:

设 A, B, C 是两两互素的正整数, R_1, R_2, R_3 是分别小于 A, B, C 的非负整数, 且

$$\begin{cases} N \equiv R_1 \pmod{A}, \\ N \equiv R_2 \pmod{B}, \\ N \equiv R_3 \pmod{C}. \end{cases}$$

如果我们找到了三个正整数 α, β, γ 分别满足

$$\alpha BC \equiv 1 \,(\text{mod}\ A), \quad \beta AC \equiv 1 \,(\text{mod}\ B), \quad \gamma AB \equiv 1 \,(\text{mod}\ C),$$

那么,

$$N \equiv R_1 \alpha BC + R_2 \beta AC + R_3 \gamma AB \,(\text{mod}\ ABC).$$

这就是著名的中国剩余定理. 以此类推, 我们也完全可以写出 n 个同余式情形的结果.

中国剩余定理的完整叙述是我国南宋数学家秦九韶作出的. 1274 年, 他写成《数书九章》共十八卷, 其中第一、二章详细讨论了一次同余式组的解法, 还提出了求 α, β, γ 等辅助系数的 "大衍求一术", 使《孙子算经》开创的同余式理论发扬光大. 在 19 世纪高斯建立这一理论前, 此成就一直处于世界领先地位.

假设 $M_j, 1 \leqslant j \leqslant n$ 是一组两两互质的正整数, 在现代数学中, 同余式组

$$u \equiv u_j \,(\text{mod}\ M_j), \quad 1 \leqslant j \leqslant n$$

是这样求解的: 记号 $\varphi(N)$ 表示正整数 N 的欧拉函数, $\varphi(N)$ 等于 $\{1, 2, \cdots, N\}$ 中与 N 互质的自然数的个数. 令

$$M = M_1 M_2 \cdots M_n,$$

根据下式计算出 N_j:

$$N_j = \left(\frac{M}{M_j}\right)^{\varphi(M_j)}, \quad 1 \leqslant j \leqslant n,$$

则同余式组的解为

$$u \equiv \sum_{j=1}^{n} u_j N_j \,(\text{mod}\ M).$$

该结论的证明要用到如下的著名定理:

欧拉–费马定理 设 m 是正整数, a 是整数, 且 $(a, m) = 1$, 则

$$a^{\varphi(m)} \equiv 1 \,(\text{mod}\ m).$$

特别地, 当 m 为质数时, $a^{m-1} \equiv 1 \,(\text{mod}\ m)$, 这就是著名的费马小定理.

刚才介绍的做法计算量较大, 秦九韶提出的解法优于上述方法, 他令 R_j 为 $\dfrac{M}{M_j}$ 模 M_j 后的余数, 称为奇数, 并决定 K_j, 使之满足

$$K_j R_j \equiv 1 \,(\text{mod}\ M_j),$$

K_j 称为乘率. 最后的结果是

$$u \equiv \sum_j u_j K_j \frac{M}{M_j} (\text{mod} \ M).$$

求 K_j 的方法称为 "大衍求一术". 此方法的计算过程是将四个已知数 $1, 0, R_j,$ M_j 排成一个 2×2 的方阵

$$\begin{pmatrix} 1 & R_j \\ & M_j \end{pmatrix},$$

其中数字 0 留作空白. 之后对此方阵的数进行操作, 操作的时候遵循一个原则: 记左上, 右上, 左下, 右下的数分别为 LU, RU, LL, RL, 则它们满足同余式组:

$$LU \cdot R_j \equiv RU \, (\text{mod} \ M_j),$$
$$LL \cdot R_j \equiv -RL \, (\text{mod} \ M_j).$$

在变换过程中, 我们要保持该同余式组始终成立.

经过有限次操作将右上方的数变成 1, 最后左上角的数就是所要的乘率. 整个过程类似 "更相减损法", 但更为复杂. 原文如下:

"以奇为右上, 定母为右下, 立天元一于左上. 先以右行上下两位以少减多, 所得商数, 乃递互乘内左行, 使右上得一而止. 左上为乘率."

读者若对该算法的现代数学描述感兴趣, 可参见文献 [2]. 下面, 我们以一个具体的例子来说明算法的执行步骤. 例如, 要求 K 使得 $K \cdot 14 \equiv 1 \,(\text{mod} \ 19)$, 那么先写成:

$$\begin{pmatrix} 1 & 14 \\ & 19 \end{pmatrix}.$$

右行上下 14 与 19 以少减多, 那么 $19 - 14 = 5$, 如果做带余除法, 14 除 19, 商 1 余 5. 方阵成为

$$\begin{pmatrix} 1 & 14 \\ & 5 \end{pmatrix}$$

再看左行上下, 之前得商 1, 将左上的 1 乘以商 1 得 1, 加之左下, 得

$$\begin{pmatrix} 1 & 14 \\ 1 & 5 \end{pmatrix}.$$

然后右行上下 14 与 5 更相减损, 也就是做带余除法, 5 除 14, 商 2 余 4. 方阵成为

$$\begin{pmatrix} 1 & 4 \\ 1 & 5 \end{pmatrix}.$$

再看左行上下, 现要将下方的数 1 乘商 2 得 2 加至上方, 得

$$\begin{pmatrix} 3 & 4 \\ 1 & 5 \end{pmatrix}.$$

这样不断下去, 直至将右上方数变成 1, 过程即为

$$\begin{pmatrix} 3 & 4 \\ 1 & 5 \end{pmatrix} \longrightarrow \begin{pmatrix} 3 & 4 \\ 1 & 1 \end{pmatrix} \longrightarrow \begin{pmatrix} 3 & 4 \\ 4 & 1 \end{pmatrix} \longrightarrow \begin{pmatrix} 3 & 1 \\ 4 & 1 \end{pmatrix} \longrightarrow \begin{pmatrix} 15 & 1 \\ 4 & 1 \end{pmatrix}.$$

最后左上方的数 15 即为所求. 和 "更相减损法" 一样, 即使是天文数字, 我们都可以进行计算.

求 k, 使得

$$14k \equiv 1 \,(\mathrm{mod}\ \ 19),$$

实际上相当于求解不定方程

$$14x + 19y = 1.$$

取一个合适的 x 作为 k 就可以了. 于是可以使用我们之前提供的解一次不定方程的程序来求解. 执行命令

```
[d,x,y]=IndefiniteEq(14,19)
```

得结果

$$d = 1, \quad x = -4, \quad y = 3.$$

通解为

$$x = -4 + 19z, \quad y = 3 - 14z, \quad z \in \mathbb{Z}.$$

取一个正的 x, 例如 $-4 + 19 = 15$, 这和刚才得到的计算结果一致. 因此, 读者也可用现在这个方法来确定前面的 K_j, 推导过程相对简单.

6.6 思考与超越: 密码学与 RSA 公钥

在许多重大社会活动当中, 要求双方在通信时严格保密. 两人之间通讯, 不得让别人得知所发送信息的含义, 这种通讯称为保密通讯. 用自然语言或其他能为常人所识的符号表达信息含义的讯号称为明文; 把明文作某种变换与伪装后得到的讯号符号称为密文; 把明文变换成密文的过程称为加密; 把密文还原成明文的过程称为解密 [5].

虽然习惯上会将编码 (coding) 和密码 (cryptography) 看作两门学科, 但事实上, 编码和密码并不存在本质上的差别. 编码的历史, 其实古已有之, 最早或许可以

追溯到老祖宗伏羲氏的 "结绳记事". 而有关编码或密码的最为人津津乐道的内容,
那自然是破译军事密码了, 能否破译一份密文电报, 直接影响到整个战局 [6].

历史上有据可查的最早破译密码的典型事例之一, 当属波希战争时期莱桑德将
军的 "天书读法". 一天, 莱桑德将军读了一名奴隶专门从斯巴达带来的消息后, 发
现其中毫无重要信息. 此时, 他注意到了奴隶身上的腰带有蹊跷, 那根腰带如图 6.1
所示:

KGDEINPKLRI JLFGODLMNISOJNTVWG

图 6.1

这似乎是一串无意义的字母, 但将军把腰带螺旋式地绕在一根棍棒上, 眼前就展现
出了一条重要信息, 见下图 6.2:

图 6.2

如果把密文从左到右编号 $1, 2, 3, \cdots, n$, 则满足被 4 除余 1 的那个符号被选用, 也
就是说被选取的符号号码 i 满足

$$i \equiv 1 (\mathrm{mod}\ \ 4).$$

上述密码的解密等价于把 $i \equiv 1 (\mathrm{mod}\ \ 4)$ 的符号抄出即得明文. 密文中其余的字母
可以随便添加, 以便掩人耳目.

古罗马帝国的凯撒大帝曾制作了一种密码. 他把从 a 到 z 这 26 个字母从 0 到
25 编号, 任取一个 1 到 25 之间的整数 α, 将上述字母的编号加上 α 后用 26 除, 求
得其余数作为新的字母编号. 如果取 $\alpha = 3$, 这就是将明文的字母按照字母顺序往
后递推 3 位, 我们将明文和密文对照来看就是如下的情况:

明文: $abcdefgh\cdots$

密文: $defghijk\cdots$

看上去的确简单, 但在当时是了不起的想法.

凯撒密码的加密规则是

$$(i + \alpha)(\mathrm{mod}\ \ 26),$$

其中 i 是 26 个英文字母的顺序标号, 字母 a 的编号是 0, 整数 $\alpha \in [1, 25]$.

这也称为移位密码, 虽然简单, 却难以破译, 因为我们可以将每个字母进行不同的移位. 或者干脆, 我们将 26 个英文字母按顺序写一排, 之后底下再写一排随意打乱顺序的字母, 两排对齐, 第二排的字母就是密文.

这样的密钥 (key) 同原文一样长, 叫作 "一次性密码" (one-time code). 所谓的 "密钥 (key)" 是指这样一类东西: 可以是一个字母排列表, 一种移位形式等. 通常, 密钥存在于一个总的体制中, 并作为参数来控制该体制的可变因素. 如果用一个单词、词组或数字来作密钥, 它就被相应地称为 keyword(关键词), keyphrase(机密词组或片语) 或 keynumber(密钥数字)[6].

法国密码专家维吉尼亚利用从 0 到 25 的数字对 26 个拉丁字母编号再取一个英语单词作密钥, 发明了一种密码. 例如, 他选择 "*radio*" (无线电) 为密钥, 则写成

$$radio = (17, 0, 3, 8, 14),$$

如果明文是

$$mathematics,$$

写成编码形式为:

$$12, \quad 0, \quad 19, \quad 7, \quad 4, \quad 12, \quad 0, \quad 19, \quad 8, \quad 2, \quad 18.$$

加密过程如下:

$$m\,a\,t\,h\,e\,m\,a\,t\,i\,c\,s$$
$$r\,a\,d\,i\,o\,r\,a\,d\,i\,o\,r$$

这样将两排字母对齐, 然后将每一列的两个字母的编号加起来, 例如第一排是 m 和 r, 字母编号相加就是 $12 + 17 = 29$. 类似地, 最后能得到结果:

$$29, \quad 0, \quad 22, \quad 15, \quad 18, \quad 29, \quad 0, \quad 22, \quad 16, \quad 16, \quad 35.$$

模 26 以后, 得到

$$3, \quad 0, \quad 22, \quad 15, \quad 18, \quad 3, \quad 0, \quad 22, \quad 16, \quad 16, \quad 9.$$

之后按自然顺序字母表将其转换成字母, 就是密文:

$$dawpsdawqqj.$$

解密很简单, 我们将两排字母对齐

$$d\,a\,w\,p\,s\,d\,a\,w\,q\,q\,j$$
$$r\,a\,d\,i\,o\,r\,a\,d\,i\,o\,r$$

将上排字母的编号减去下排字母的编号, 模 26 以后按照顺序字母表将数字转换成字母就可以了.

这种密码可以随意更换关键词, 破译难度很大, 这是它的优点, 也是它的缺点, 因为一旦关键词落入敌方手中, 我方的信息就毫无安全可言了.

但是为了能让对方顺利得到我方传递过去的信息, 又必须告知其密钥, 有什么办法克服这个困难呢?

1977 年, 数学家 Ron Rivest、Adi Shamirh 和 Len Adleman(图 6.3) 创造了 RSA 公钥加密算法, RSA 取名来自他们三人姓氏的首字母, 该算法使用的密钥可以公开.

图 6.3　RSA 三杰

RSA 是目前最有影响力的公钥加密算法, 它能够抵抗到目前为止已知的所有密码攻击, 已被 ISO 推荐为公钥数据加密标准. RSA 算法基于一个简单的数论事实: 将两个大素数相乘很容易, 利用计算机不到一秒即可完成, 但反过来要将乘积分解却难于登天, 公开的密钥就是这个乘积. 下面就来介绍这个算法的执行步骤:

1. 密钥制作过程:

(1) 选取两个大素数 p, q;

(2) 计算出 $n = p \times q$, 公布数值 n;

(3) 记 $r = (p-1)(q-1)$, r 不公开;

(4) 选 e 为自然数, 使得 $(e, r) = 1$, 公布数值 e.

2. 加密过程:

(1) 把字母序列 $ABC \cdots XYZ$ 编成平凡码: $A = 01, B = 02, \cdots, Z = 26$;

(2) 宣布密钥 $(e, n), e, n$ 是正整数;

(3) 对用平凡码抄出的明文 M 进行切分, 这里 M 是一个正整数,

$$M = M_1 M_2 \cdots M_k, \quad M_i < n,$$

这样做是为了方便计算, 原来的数太大会难以处理;

(4) 计算 $M_i^e \equiv M_i' \pmod{n}$ 为密文:

$$M' = M_1' M_2' \cdots M_k'.$$

3. 解密过程:

(1) 取 d 为正整数, $1 \leqslant d \leqslant r$, $ed \equiv 1 \pmod{r}$, d 不公开;

(2) 计算 $M_i \equiv (M_i')^d$ 得到明文:

$$M = M_1 M_2 \cdots M_k.$$

举个例子, 取 $p = 5, q = 7$, 则

$$n = 5 \times 7 = 35, \quad r = (5 - 1) \times (7 - 1) = 24.$$

选取 e, 使得 $(e, 24) = 1$, 例如,

$$e = 11.$$

再选择 d, 使得 $ed \equiv 1 \pmod{24}$. 例如,

$$d = 11.$$

如果明文为 $math$, 则明文平凡码为

$$M = 13\,01\,20\,08.$$

切分 M 为 $M_1 M_2 M_3 M_4$, 即 $M_1 = 13, M_2 = 01, M_3 = 20, M_4 = 08$.

用 $e = 11$ 来制作密文:

$$M_1' \equiv M_1^e \equiv 13^{11} \equiv 27 \pmod{35},$$
$$M_2' \equiv M_2^e \equiv 1^{11} \equiv 1 \pmod{35},$$
$$M_3' \equiv M_3^e \equiv 20^{11} \equiv 20 \pmod{35},$$
$$M_4' \equiv M_4^e \equiv 8^{11} \equiv 22 \pmod{35}.$$

密文为

$$M' = 27\,01\,20\,22.$$

接收者解密, 已知 $d = 11$,

$$M_1 \equiv M_1'^d \equiv 27^{11} \equiv 13 \pmod{35},$$
$$M_2 \equiv M_2'^d \equiv 1^{11} \equiv 1 \pmod{35},$$
$$M_3 \equiv M_3'^d \equiv 20^{11} \equiv 20 \pmod{35},$$
$$M_4 \equiv M_4'^d \equiv 22^{11} \equiv 8 \pmod{35},$$

故得到明文:

$$M = 13\,01\,20\,08.$$

我们还有如下的方法. A 与 B 两方在传递信息过程中, 为了将信息传递给 B 且不让第三者发现, A 把信息锁在箱子里寄给 B, 这相当于在加密. 为了 B 能解密, A 还要把钥匙寄给 B 才行, 也就是说 A 要告诉 B 密钥. 但钥匙在寄送过程中可能被截获. 我们可以这么办, B 也加一把锁, 把箱子寄还给 A, A 解除自己的锁, 再寄给 B, 最后 B 再解开自己的锁, 得到所要的消息.

整个过程可以这样表述:

1. 设明文为 M, 这是一个正整数. 选取一个正整数 N, 这个数只有 A 知道, 然后 A 计算出 $M \times N$, 将这个结果发送给 B.

2. B 收到结果后, 选取一个只有 B 自己知道的正整数 P, 将结果再乘上 P, 把算出的数 (也就是 $M \times N \times P$) 发还给 A.

3. A 将收到的结果除以 A 自己所选的数 N, 发送给 B(也就是将 $M \times P$ 发送给了 B).

4. B 将收到的结果除以 B 自己所选的数 P, 即得到 M.

在整个通信过程中, 第三方能截获的都是一些乘积, 要将其分解出来几乎是不可能的, 因为目前快速分解因数的算法不存在, 该编码方法的安全性同样有保障. 同时可以想象, 一旦能找出快速分解因数的算法, 这样的编码就没有安全性可言了.

思考与练习 6.6.1

1. 七数剩一, 八数剩一, 九数剩三, 问本数. (杨辉,《续古摘奇算法》)

2. 有 30 个人, 其中有男人、女人和小孩, 在一家小饭馆里共花了 50 先令; 每个男人花 3 先令, 每个女人花 2 先令, 每个小孩花 1 先令. 问男人、女人和小孩各有多少? (选自《马克思数学手稿》)

3. 某百货公司销售某货物, 该货物销售单价 (单位: 元) 是大于 1 的正整数, 去年总收入为 48777 元. 今年该货物的销售单价不变, 总收入为 57155 元. 那么今年和去年各售出这种货物多少件?

4. 今有鸭一只值 4 钱, 雀五只值 1 钱, 鸡一只值 1 钱, 百钱买百鸟, 问各买了鸭、雀、鸡几只?

5. 韩信点兵: 有兵一队, 若列成五行纵队, 则末行一人; 若成六行纵队, 则末行五人; 若成七行纵队, 则末行四人; 若成十一行纵队, 则末行十人. 求兵数.

6. 三偷盗米: 问有米铺诉被盗去米一般三箩, 皆适满, 不记细数. 今左壁箩剩一合. 中间箩剩一升四合, 右壁箩剩一合. 后获贼, 系甲、乙、丙三名. 甲称当夜摸得马勺, 在左箩满舀入布袋; 乙称踢着木展, 在中箩舀入布袋; 丙称摸得漆碗, 在右箩舀入布袋. 将归食用, 日久不知数. 索到三器, 马勺满容一升九合, 木屐容一升七合. 漆碗容一升二合. 欲知所失米数, 计脏结断, 三盗各几何?

提示: 这实际上就是求解如下同余方程组:

$$\begin{cases} x \equiv 1 \,(\mathrm{mod}\ 19), \\ x \equiv 14 \,(\mathrm{mod}\ 17), \\ x \equiv 1 \,(\mathrm{mod}\ 12). \end{cases}$$

可以运用中国剩余定理得到结果.

参考文献

[1] 郭金彬, 孔国平. 中国传统数学思想史 [M]. 北京: 科学出版社, 2007.
[2] 李继闵. 算法的源流: 东方古典数学的特征 [M]. 北京: 科学出版社, 2007.
[3] 华罗庚. 从孙子的神奇妙算谈起: 数学大师华罗庚献给中学生的礼物 [M]. 北京: 中国少年儿童出版社, 2006.
[4] 陈景润. 初等数论I [M]. 北京: 科学出版社, 1978.
[5] 王树禾. 数学演义 [M]. 北京: 科学出版社, 2004.
[6] 谈祥柏. SOS 编码纵横谈 [M]. 上海: 上海教育出版社, 1999.

第7章

开　方　术

正如著名数学家吴文俊院士 [1] 所指出的, 我国古代数学家在数值求解二次方程和三次方程、甚至高次代数方程方面, 也取得了独到的成绩. 据历史记载, 在《九章算术》第四卷少广一章中 [2], 已经有已知正方形面积求边长, 已知立方体体积求边长的方法, 即开平方术和开立方. 这些算法后来逐步推广到更高次方情形, 到宋元时期发展为对一般高次多项式方程的数值求解 [3]. 秦九韶于他的《数书九章》中给出了一般高次多项式方程的完整解法, 他称之为 "正负开方术".《数书九章》中详细叙述 26 个二次到十次方程的实数根的求解方法, 其中包含 20 个二次方程, 1 个三次方程, 4 个四次方程和 1 个十次方程. 日本数学史家三上义夫指出, 秦九韶算法起源于汉代《九章算术》的开方法. 苏联数学史家尤什克维奇说, "这是中国传统数学最伟大的成就之一", 还说, 印度人不知有此方法, 而阿拉伯数学家可能从中国先人传入此方法, 六百年之后, 英国数学家霍纳重新发现此法. 秦九韶在《数书九章》里的 "遥度圆城" 一题中列出了一个十次方程:

$$x^{10} + 15x^8 + 72x^6 - 864x^4 - 11664x^2 - 34992 = 0,$$

并给出了求解步骤, 此方程的精确解为 $x = 3$.

7.1　开平方术

我们来看《九章算术》少广章中的第 12 题:

今有积五万五千二百二十五步. 问为方几何?

答曰: 二百三十五步.

这是一个典型的开平方问题, 即求 55225 的平方根, 答案为 235.

少广章的第 13 至 16 题与第 12 题类似, 第 13 题求解 $\sqrt{25281}$, 结果为 159; 第 14 题求解 $\sqrt{71824}$, 结果为 268; 第 15 题求解 $\sqrt{564752\frac{1}{4}}$, 结果为 $751\frac{1}{2}$; 第 16 题求解 $\sqrt{3972150625}$, 结果为 63025. 这些都涉及开平方根问题, 但有两个特点:

1. 当时没有负数的概念, 因此所求解的都是正的平方根, 即算术平方根. 从方程的角度来看是求解 $x^2 = N$ 的一个正根.

2. 开方均可开尽.

在 16 题之后, 《九章算术》给出一段总结, 提出:

开方术曰: 置积为实. 借一算, 步之, 超一等. 议所得, 以一乘所借一算为法, 而以除. 除已, 倍法为定法. 其复除, 折法而下. 复置借算, 步之如初. 以复议一乘之, 所得, 副以加定法, 以除. 以所得副从定法. 复除, 折下如前. 若开之不尽者, 为不可开, 当以面命之. 若实有分者, 通分内子为定实, 乃开之. 讫, 开其母, 报除. 若母不可开者, 又以母乘定实, 乃开之. 讫, 令如母而一.

前面几句给出了开方的程序, 刘徽对此作了注解, 我们稍后来介绍. 最后两句给出了分数开方的方法. "若实有分者, 通分内子为定实, 乃开之. 讫, 开其母, 报除", 用现代数学符号来表述, 即

$$\sqrt{a + \frac{b}{c}} = \sqrt{\frac{ac+b}{c}} = \frac{\sqrt{ac+b}}{\sqrt{c}}.$$

而 "若母不可开者, 又以母乘定实, 乃开之. 讫, 令如母而一", 即

$$\sqrt{\frac{a}{b}} = \sqrt{\frac{ab}{b^2}} = \frac{\sqrt{ab}}{b}.$$

对于开不尽方者, 虽然题目中未涉及, 但该书没有回避这个问题, 提出 "若开之不尽者, 为不可开, 当以面命之". 也就是说, 对于开之不尽的情形, 例如一个非完全平方数 N, 则 $\sqrt{N}$ 就是平方根. 由于当时没有平方根记号, 故以 "面" 这个概念来称呼 $\sqrt{N}$.

刘徽对开方术作了注解, 以 "出入相补原理", 亦说 "数形结合思想", 对开方术作了解释. 刘徽认为 "开方求方幂之一面也", 从几何上来理解, 就是已知正方形面积, 求其一边. 其实《九章算术》提出的问题就是这样具有一定几何意义, 而并非是纯代数的描述.

我们假定被开方数 N 是某三位数的平方, 即

$$\sqrt{N} = a + b + c = 100\alpha + 10\beta + \gamma.$$

刘徽的想法就是要求出 a, b, c 或者 α, β, γ 来. 我们具体以 $\sqrt{55225}$ 为例来说开方术.

开方时, 先估计 a. 刘徽云 "言百之面十也, 言万之面百也", 即一百的平方根是十, 一万的平方根是一百, 以此类推. 因 $10^4 < 55225 < 10^6$, 故 $10^2 \leqslant a < 10^3$, 估算出 α 这个一位整数来, 具体如何估算没有明说, 应该和做除法时的试商类似,

需要自己尝试. 估算出 $\alpha = 2$, 则 $a = 200$, 所得乃是 "黄甲之面", 见图 7.1(另见彩图 17). "上下相命, 是自乘而除也", 那么从 N 中扣除黄甲, 即从 55225 中减去 $200^2 = 40000$, 得 15225.

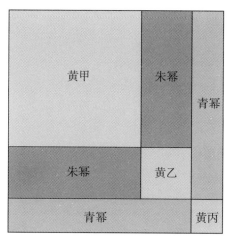

图 7.1 刘徽对开平方术的几何解释

接下来设法求出十位数, 刘徽说: "欲除朱幂者, 本当副置所得成方, 倍之为定法, 以折、议、乘, 而以除. 如是当复步之而止, 乃得相命. 故使就上折下. 欲除朱幂之角黄乙之幂, 其意如初之所得也." 估计出 $b = 30$, 如何估计出来的? 用 15225 除以 $2a$ 即可, 仅估计一位. 去除两个朱幂和黄乙, 即从 12255 中减去 $2ab + b^2$, 得

$$15225 - 2 \times 200 \times 30 - 30^2 = 2325.$$

再求个位数. 用 2325 除以 $2(a + b)$, 估计出 $c = 5$, 用 2325 减去 $2(a + b)c + c^2$, 即减去两个青幂和黄丙, 得

$$2325 - 2 \times (200 + 30) \times 5 - 5^2 = 0.$$

所得答数恰好是零, 说明开方开尽, 则 $\sqrt{55225} = 235$.

难能可贵的是, 刘徽考虑了开方不尽的问题, 认为开方术可以不断进行下去, 以十进制小数来逼近方根, 这开启了以十进制小数逼近无理数的先河.

《九章算术》少广章说: "若开之不尽者为不可开, 当以面命之." 刘徽说: "术或有以借算加定法而命分者, 虽粗相近, 不可用也. 凡开积为方, 方之自乘当还复有积分. 令不加结算而命分, 则常微少; 其加借算而命分, 则又微多. 其数不可得而定. 故惟以面命之, 为不失耳." 这里 "借算" 为 1, 初商乘借算为 "法", 法加倍为 "定

法", "术或有以借算加定法而命分者" 即指出有开方近似公式

$$\sqrt{N} \approx a + \frac{N - a^2}{2a + 1},$$

式中 N 为被开方数, a 为初商 (根).

对此近似公式, 刘徽的评价是 "虽粗相近, 不可用也". 接下来刘徽又提出不加借算而命分, 并指出如下估计:

$$a + \frac{N - a^2}{2a + 1} < \sqrt{N} < a + \frac{N - a^2}{2a}.$$

此公式证明并不困难, 因

$$\sqrt{N} = a + (\sqrt{N} - a) = a + \frac{N - a^2}{\sqrt{N} + a},$$

又 $a < \sqrt{N} < a + 1$, 故得.

可以算出, 若使用不足近似公式

$$a + \frac{N - a^2}{2a + 1} \approx \sqrt{N},$$

则相对误差为

$$E = \left(\sqrt{N} - \left(a + \frac{N - a^2}{2a + 1} \right) \right) \Big/ \sqrt{N} = \frac{(\sqrt{N} - a)[1 - (\sqrt{N} - a)]}{\sqrt{N}(2a + 1)}.$$

应用不等式 $x(1 - x) \leqslant 1/4$, 得

$$E \leqslant \frac{1}{4\sqrt{N}(2a + 1)} < \frac{1}{4a(2a + 1)},$$

即相对误差的一个上界是 $\frac{1}{4a(2a + 1)}$.

若使用过剩近似公式

$$a + \frac{N - a^2}{2a} \approx \sqrt{N},$$

则带来相对误差

$$E' = \left(\frac{N - a^2}{2a} + a - \sqrt{N} \right) \Big/ \sqrt{N} = \frac{(\sqrt{N} - a)^2}{2a\sqrt{N}}.$$

注意到

$$(\sqrt{N} - a)^2 / \sqrt{N} = \sqrt{N} + a^2 / \sqrt{N} - 2a.$$

考虑到函数 $y = x + \dfrac{a^2}{x}$ 在区间 $(a, a+1)$ 上是单调增加的, 即知

$$E' < \frac{1}{2a(a+1)}.$$

刘徽在得出这两个近似公式后, 认为 "其数不可得而定. 故惟以面命之, 为不失耳". 当开方不尽时, 所得的是一个无理数, 虽然当时没有无理数这个概念, 但刘徽知道用两个近似公式都无法确定 $\sqrt{N}$, 那么 $\sqrt{N}$ 是什么呢? 这完全是一个新事物呀! 处理起来很简单, 刘徽镇定自若, 以 "面" 命之, 这个开方不尽的数, 他就称之为 N 的面. 可能这样说, 刘徽怕读者接受不了, 他接着往下说: "譬犹以三除十, 以其余三分之一, 而复其数可以举." 刘徽是说, 在做除法时, 例如 10 除以 3, 除之不尽, 那么干脆余下来的东西就留在那儿, 引入三分之一这么一个分数. 既然除之不尽而命分, 那么开之不尽而命面又有何不可? 开不尽的东西就实际存在那儿, 他给它一个名称为 "面", 何妨? 相比之下, 古希腊人否定了 $\sqrt{2}$ 的存在, 他们是以哲学的高度来讨论无理数的存在是否合理, 而中国古代数学家并不考虑存在性的问题, 默认其存在, "当以面命之". 这也好比物理学家研究光, 他们不会先去思考为何光会存在, 只是去研究光的性质, 然后和哲学家一样再会去思考 "光是否存在" 这样的问题. 中国古代数学家的研究思路类似于物理学家等自然科学研究者, 认知方式是属于形而下的. 《易经》有云 "形而上者谓之道, 形而下者谓之器". 形而上的东西就是指道, 既是指哲学方法, 又是指思维活动; 形而下则是指具体的, 可以捉摸到的东西或器物. 形而上的抽象, 形而下的具体. 中国古代数学研究的更多是形而下, 古希腊时期的数学家研究的更多是形而上.

刘徽自然而然接受了无理数的存在, 关于存在性的问题, 他是不考虑的, 他考虑的是如何求出这个 "面". 他说: "不以面命之, 加定法如前, 求其微数. 微数无名者以为分子, 其一退以十为母, 其再退以百为母. 退之弥下, 其分弥细, 则朱幂虽有所弃之数, 不足言之也." 刘徽在这里就提出不断退位, 将开方术继续进行下去, 求 "微数", 即非常小的数, 实际上是十进制分数, 可以不断逼近方根.

7.2　开立方术

在《九章算术》中有完整的开立方术:

开立方术曰: 置积为实. 借一算, 步之, 超二等. 议所得, 以再乘所借一算为法, 而除之. 除已, 三之为定法. 复除, 折而下. 以三乘所得数, 置中行. 复借一算, 置下行. 步之, 中超一, 下超二等. 复置议, 以一乘中, 再乘下, 皆副以加定法. 以定除, 除已, 倍下、并中、从定法. 复除, 折下如前. 开之不尽者, 亦为不可开.

开平方术和开立方术其实差别不大. 刘徽给出了一个几何解释, 参见图 7.2.

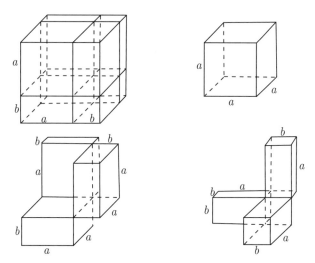

图 7.2 刘徽对开立方术的几何解释

以求解 $\sqrt[3]{1728}$ 为例, 由于 $10^3 < 1728 < 20^3$, 先议得初商为 $a = 10$. 用 1728 扣除 10^3, 得 728. 由公式

$$(a+b)^3 = a^3 + 3a^2b + 3ab^2 + b^3$$

可知, 需解方程

$$300b + 30b^2 + b^3 = 728.$$

不精确求解该方程, 以 728 除以 300, 估算出一位, 得结果为 2. 计算发现

$$300 \times 2 + 30 \times 2^2 + 2^3 = 728.$$

这表明开立方开尽, 有 $\sqrt[3]{1728} = 12$.

举一个开立方开不尽的例子, 我们计算 $\sqrt[3]{2}$, 计算到小数点后三位. 为避免小数运算, 我们计算 $\sqrt[3]{2 \times 10^9}$, 需要求出 a, b, c, d(或 a', b', c', d'), 使得

$$2 \times 10^9 \approx (a+b+c+d)^3 = (10^3a' + 10^2b' + 10c' + d')^3.$$

根据

$$(1 \times 10^3)^3 < 2 \times 10^9 < (2 \times 10^3)^3$$

定初商 $a = 1 \times 10^3$. 从 2×10^9 中扣除 $a^3 = 10^9$, 得 10^9. 接下来估计下一位数字 b, 用 10^9 除以 $3a^2 = 3 \times 10^6$, 估计一位, 得 $b = 3 \times 10^2$, 计算发现

$$3a^2b + 3ab^2 + b^3 = 9 \times 10^8 + 2.7 \times 10^8 + 2.7 \times 10^7 > 10^9.$$

这表明估计出的数过大, 将 b 改为 2×10^2, 重新计算,

$$3a^2b + 3ab^2 + b^3 = 7.28 \times 10^8 < 10^9.$$

在 10^9 中扣除 7.28×10^8, 得 2.72×10^8. 为估算下一位数字 c, 以 2.72×10^8 除以 $3(a+b)^2$, 得近似值 $c = 6 \times 10$, 计算发现

$$3(a+b)^2c + 3(a+b)c^2 + c^3 > 2.72 \times 10^8.$$

这表明估计出的数过大, 修正 $c = 5 \times 10$, 计算得

$$3(a+b)^2c + 3(a+b)c^2 + c^3 = 2.25125 \times 10^8.$$

类似地, 从 2.72×10^8 中扣除 2.25125×10^8, 得 4.6875×10^7. 再来估计最后一位数字 d, 用 4.6875×10^7 除以 $3(a+b+c)^2$, 计算发现

$$\frac{4.6875 \times 10^7}{3(a+b+c)^2} = 10,$$

恰能除尽, 但这仅是一个巧合, 而且这并不意味着开立方能开尽. 我们所要求的 $d = d'$, 而 d' 是 0 到 9 中的某一个数字, 因此确定 $d = 9$. 于是 $\sqrt[3]{2} = 1.259\cdots$.

7.3　贾宪开方术

贾宪, 我国北宋数学家, 据《宋史》记载, 曾师从开封府胙城 (今河南延津) 著名历算家楚衍, 学习天文、历算. 贾宪著有《黄帝九章算经细草》九卷和《释锁算书》等书. 《黄帝九章算经细草》一书, 被南宋数学家杨辉在《详解九章算法》中引用, 大部分得以保存. 贾宪的《释锁算书》片断被抄入《永乐大典》卷一万六千三百四十四, 幸得以保存下来, 现存英国剑桥大学图书馆.

贾宪对中国古代数学有极其重要的贡献, 许多宋元的数学成就都起源于贾宪. 我国数学史学者郭书春说: "贾宪是宋元数学高潮的主要推动者". 贾宪创造 "立成释锁法", 将《九章算术》的开平方、开立方推广到任意次方. 在中国数学史上贾宪最早发现贾宪三角形. 杨辉在所著《详解九章算法》 "开方作法本源" 一章中作贾宪开方作法图, 并说明 "杨辉详解开方本源, 出《释锁算书》, 贾宪用此术". 贾宪开方作法图就是贾宪三角形. 贾宪还发明了增乘开平方和增乘开立方, 并第一次给出开四次方的程序.

贾宪发明的开方术叫 "立成释锁". 唐宋历算家把载有一些计算常数的算表称为 "立成", 而 "释锁" 的意思即为打开一把锁. 立成释锁法就是借助某种算表进行开方的方法. 贾宪把开方法的立成称作开方作法本源, 今天称之为贾宪三角. 由于

贾宪的著作已经失传, 而此法又见于杨辉的著作《详解九章算法》中, 因能传世, 故常被人们称作"杨辉三角".

贾宪将二项式 $(x+a)^n$ 展开的系数摆成一个三角形, 见图 7.3, 图中附有五句话: "左袤乃积数, 右袤乃隅算, 中藏者皆廉. 以廉乘商方, 命实而除之." 前三句说明了贾宪三角的结构, 左侧乃积 a^n 的系数, 右侧为隅 x^n 的系数, 中间的数分别是各廉.

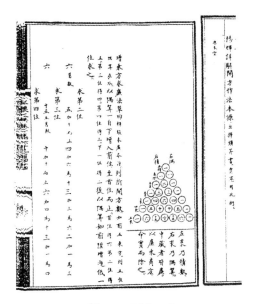

图 7.3　贾宪三角

7.4　思考与超越: 求解代数方程根的牛顿法

开平方根和立方根, 都可归结为求代数方法实数根. 在现代计算方法中, 如何高效求解代数方程 (组) 之根是基本的研究方向, 现已取得很多重要成果, 最有代表性的方法当推牛顿法 [4, 5].

7.4.1　牛顿法及其收敛性

对于非线性函数 $y = f(x)$, 需要使用迭代法来求解其方程的根, 即 $f(x) = 0$ 的根. 一个典型的方法是牛顿法, 该方法本质上是一种线性化方法, 其基本思想是将求解非线性方程 $f(x) = 0$ 转化为求解一系列相应的线性方程以获得近似解序列.

具体而言, 设 x_k 是方程 $f(x) = 0$ 的一个近似根, 假定 $f'(x_k) \neq 0$, 将函数 $f(x)$

在点 x_k 处展开, 有

$$f(x) \approx f(x_k) + f'(x_k)(x - x_k). \tag{7.4.1}$$

于是方程 $f(x) = 0$ 可近似地表示为

$$f(x_k) + f'(x_k)(x - x_k) = 0.$$

这是一个线性方程, 因为 $f'(x_k) \neq 0$, 可得其解为

$$x = x_k - \frac{f(x_k)}{f'(x_k)}.$$

用上值作为 $f(x) = 0$ 的修正近似根, 记为 x_{k+1}, 则得

$$x_{k+1} = x_k - \frac{f(x_k)}{f'(x_k)}, \quad k = 0, 1, \cdots. \tag{7.4.2}$$

这就是求解代数方程根的牛顿法.

牛顿法可以作如下几何解释. 方程 $f(x) = 0$ 的根 x^* 可解释为曲线 $y = f(x)$ 与 x 轴的交点的横坐标 (参见图 7.4). 设 x_k 是根 x^* 的一个近似值, 过曲线 $y = f(x)$ 上的点 $(x_k, f(x_k))$ 作该曲线的切线, 则切线方程是

$$y - f(x_k) = f'(x_k)(x - x_k).$$

于是由关系式 (7.4.1) 定义的实数 x_{k+1} 就是该切线与 x 轴交点的横坐标, 换言之, x_{k+1} 为牛顿迭代法 (7.4.2) 的计算结果. 正是由于这个几何背景, 牛顿法又称为切线法.

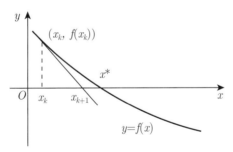

图 7.4　牛顿法示意图

若牛顿法的初始值选取在根 x^* 的附近, 且该根为单根, 则可以证明该方法是收敛的且至少是 2 阶收敛的 [4, 5], 换言之,

$$\lim_{k \to \infty} \frac{(x_{k+1} - x^*)}{(x_k - x^*)^2} = \frac{f''(x^*)}{2f'(x^*)}.$$

但 x^* 是未知的, 一般很难保证所选取的初值 x_0 能充分靠近它. 幸运的是, 下面的结果给出了牛顿法收敛的一个充分条件:

定理 7.4.1 设 $f(x) \in C^2[a,b]$, 且满足条件:

(1) $f(a)f(b) < 0$;

(2) 在区间 $[a,b]$ 上 $f'(x)$ 非零;

(3) 在区间 $[a,b]$ 上 $f''(x)$ 不变号;

(4) 初值 x_0 满足 $f(x_0)f''(x_0) > 0$, 则牛顿迭代序列 $\{x_k\}$ 单调地收敛于方程 $f(x) = 0$ 的唯一根 x^*.

对以上定理中各条件的几何意义作如下说明: 条件 (1) 保证了根的存在性; 条件 (2) 表明函数是严格单调变化的; 条件 (3) 表示函数图形在区间 $[a,b]$ 上的凹凸性不变; 条件 (3) 和条件 (4) 一起保证了每一步的迭代值都落在区间 $[a,b]$ 内. 该结果的几何图示见图 7.5.

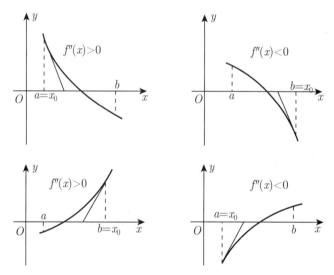

图 7.5　牛顿迭代法收敛情形示意图

7.4.2　基于牛顿法的开方术

在本小节中, 我们详细介绍怎么用牛顿法来开平方根和立方根. 给定实数 $a > 0$, 求平方根 $\sqrt{a}$ 等价于求解方程 $f(x) = x^2 - a = 0$ 的正实根. 用牛顿法解这个方程的迭代公式是

$$x_{k+1} = x_k - \frac{f(x_k)}{f'(x_k)} = x_k - \frac{x_k^2 - a}{2x_k},$$

即

$$x_{k+1} = \frac{1}{2}\left(x_k + \frac{a}{x_k}\right). \tag{7.4.3}$$

我们现在证明, 这种迭代公式对于任意初值 $x_0 > 0$ 都是收敛的. 事实上, 对

(7.4.3) 式进行配方, 易知

$$x_{k+1} - \sqrt{a} = \frac{1}{2x_k}(x_k - \sqrt{a})^2,$$

$$x_{k+1} + \sqrt{a} = \frac{1}{2x_k}(x_k + \sqrt{a})^2.$$

以上两式相除, 得

$$\frac{x_{k+1} - \sqrt{a}}{x_{k+1} + \sqrt{a}} = \left(\frac{x_k - \sqrt{a}}{x_k + \sqrt{a}}\right)^2.$$

据此反复递推有

$$\frac{x_k - \sqrt{a}}{x_k + \sqrt{a}} = \left(\frac{x_0 - \sqrt{a}}{x_0 + \sqrt{a}}\right)^{2^k} = q^{2^k}, \tag{7.4.4}$$

式中 $q = \dfrac{x_0 - \sqrt{a}}{x_0 + \sqrt{a}}$. 整理 (7.4.4) 式, 得

$$x_k - \sqrt{a} = 2\sqrt{a}\frac{q^{2^k}}{1 - q^{2^k}}.$$

因对任意 $x_0 > 0$, 总有 $|q| < 1$, 故由上式推知, 当 $k \to \infty$ 时, $x_k \to \sqrt{a}$, 且收敛阶是 2 阶的.

例 7.4.1 求 $\sqrt{2}$ 的近似值.

解 由于迭代法 (7.4.3) 对于任意初值 $x_0 > 0$ 均收敛, 并且收敛速度很快, 因此我们就取初值 $x_0 = 1$ 编制 MATLAB 通用程序进行计算. 用这个通用程序求 $\sqrt{2}$ 的近似值, 只需要迭代 3 次便得到 $\sqrt{2}$ 的近似值 1.41422, 它和精确值的绝对误差小于 10^{-5}(见表 7.4.1). 可见该方法的确收敛得非常快.

表 7.4.1 $\sqrt{2}$ 的计算结果

k	x_k	$|x_k - x^*|$
0	1.00000	0.41421
1	1.50000	0.08578
2	1.41667	0.00245
3	1.41422	2.12e-6

使用 MATLAB 实现的程序如下:

```
syms x;
f=x^2-2; % 定义欲求根函数
b=sqrt(2);
gen=1
wucha=abs(gen-b)
```

```
tol=1e-5; % 对数值解的精度要求
df=diff(f);
while(wucha>tol)
    fx1=subs(f,x,gen);
    df1=subs(df,x,gen);
    gen=gen-fx1/df1;
    wucha=abs(gen-b);
    gen
    abs(gen-b)
end
gen
```

对于给定的正实数, 求立方根 $\sqrt[3]{a}$ 可以转化为求解方程 $x^3 - a = 0$ 的正实根. 用牛顿法解这个方程的迭代公式是

$$x_{k+1} = \frac{2x_k^3 + a}{3x_k^2}. \tag{7.4.5}$$

为保证以上算法的收敛性, 初值 x_0 的选取至关重要, 应使其满足定理 7.4.1 的四个条件. 另外, 易知 $\sqrt[3]{a}$ 是 $x^3 - a = 0$ 的单根, 因此, 牛顿法一旦收敛必是 2 阶收敛的.

例 7.4.2 求 $\sqrt[3]{2}$ 的近似值.

解 今取 $x_0 = 2.0$, $a = 0.1$ 和 $b = 10$, 易知此时满足定理 7.4.1 的四个条件, 故牛顿法 (7.4.5) 收敛且 2 阶收敛. 实际上, 只需要迭代 4 次便得到 $\sqrt[3]{2}$ 的近似值 1.259922, 它和精确值的绝对误差小于 10^{-6}(见表 7.4.2). 可见该方法收敛的速度也非常快.

表 7.4.2 $\sqrt[3]{2}$ 的计算结果

k	x_k	$|x_k - x^*|$
0	2.000000	0.740079
1	1.500000	0.240079
2	1.296296	0.036375
3	1.260932	0.001011
4	1.259922	8.1e-7

关于求解 $\sqrt[3]{2}$ 的 MATLAB 计算程序, 实际上只要修改求解 $\sqrt{2}$ 的 MATLAB 计算程序的第 2–4 行即可获得, 改变部分如下:

```
f=x^3-2; % 定义欲求根函数
b=2^(1/3);
gen=2
```

思考与练习 7.4.1

1. 使用刘徽的方法, 求解《九章算术》少广章第 13 题, 即求 $\sqrt{25281}$.

2. 通过计算方程 $x^3 - x + 1 = 0$ 在 $x = 1.5$ 附近的根, 体会秦九韶 "正负开方术" 的高效性. (可参考文献 [6])

3. 利用牛顿法求解 $\sqrt{3}$ 和 $\sqrt[3]{3}$ 的数值解, 要求结果与精确值的绝对误差小于 10^{-3}.

4. 对于任意给定的实数 $a > 0$, 给出初值 x_0 的具体选取方法使求解 $\sqrt[3]{a}$ 的牛顿法是收敛的.

参考文献

[1] 吴文俊. 数学机械化 [M]. 北京: 科学出版社, 2003.

[2] 郭书春. 九章算术译注 [M]. 上海: 上海古籍出版社, 2009.

[3] 沈康生. 中国数学史大系: 第 5 卷 [M]. 北京: 北京师范大学出版社, 2000.

[4] 李庆扬, 王能超, 易大义. 数值分析, 5 版 [M]. 北京: 清华大学出版社, 2008.

[5] 张平文, 李铁军. 数值分析 [M]. 北京: 北京大学出版社, 2007.

[6] 杨合俊. 秦九韶 "正负开方术" 是二次收敛的 [J]. 数学的实践与认识, 2011, 41(1): 229-236.

第8章

MATLAB简介

8.1 MATLAB 是什么?

1980 年前后, MATLAB 语言的首创者 Cleve Moler 在讲授线性代数课程时, 发现用其他高级语言编程极为不便, 便构思并开发了 MATLAB (MATrix LABoratory, 即矩阵实验室), 用 Fortran 语言编写了集命令翻译、科学计算于一身的一套交互式软件系统. 所谓交互式语言, 是指人们给出一条命令, 立即就可以得出该命令的结果. 该语言无须像 C 和 Fortran 语言那样要先写源程序, 再对之进行编译、连接, 最终形成可执行文件. MATLAB 的基本运算单元是不需指定维数的矩阵, 按照 IEEE 的数值计算标准进行计算. 系统提供了大量的矩阵及其他运算函数, 可以方便地进行一些很复杂的计算, 而且运算效率极高. MATLAB 命令和数学中的符号、公式非常接近, 可读性强, 容易掌握, 还可利用它所提供的编程语言进行编程, 从而完成特定的工作.

MATLAB 软件的发展非常迅猛, 业已成为一种用于算法开发、数据可视化、数据分析以及数值计算的高级技术计算语言和交互式环境. 由于 MATLAB 开发了许多功能强大的工具箱, 在使用时, 相比传统的编程语言 (如 C/C++ 和 Fortran), MATLAB 可以更快地解决科学计算问题.

8.2 MATLAB 命令窗口的使用

MATLAB 有各种版本, 这里介绍的版本是 MATLAB 8.x for Windows 版本. 因为它使用方便, 界面美观, 我们选择它来介绍如何使用 MATLAB 命令窗口的交互式操作方式. 实际上, 对于 MATLAB 其他版本的相关操作是类似的. 首先, 从 Windows 中双击 MATLAB 图标, 会出现 MATLAB 命令窗口 (command window), 在一段提示信息后, 出现系统提示符 ">>". MATLAB 是一个交互系统, 用户可以在提示符后键入各种命令, 通过上下箭头可以调出以前打入的命令, 用滚动条可以查看以前的命令及其输出信息. 如果对一条命令的用法有疑问, 可以用 Help 菜单中的相应选项查询有关信息, 也可以用 help 命令在命令行上查询, 可以试一下 help, help help 和 help eig (求特征值的函数) 命令.

另外, 我们介绍命令窗口使用过程中一些常用的命令:

- clc: 清除命令窗口中的所有显示内容;
- clear a: 清除 MATLAB 工作区 (work space) 中的变量a;
- clear all: 清除 MATLAB 内存中的所有变量.

在 MATLAB 同时运行多个相关程序时, 使用clear all命令需要特别小心, 不当的使用 clear 命令可能会删除重要的变量, 影响到程序的运行结果.

8.3　变量及矩阵的赋值

在定义变量时, 与 C/C++ 等语言不同的是 MATLAB 的基本数据单元是既不需要指定维数, 也不需要说明数据类型的矩阵, 而且数学表达式和运算规则与通常的习惯相同. 因此, 在 MATLAB 环境下, 数组的操作与数的操作一样简单. MATLAB 的矩阵和向量操作功能是其他语言无法比拟的. 所有的变量都是以矩阵型的数据存储在 MATLAB 的工作区 (work space) 中, 矩阵阶数由赋值语句决定.

MATLAB 的赋值语句有两种:

变量名 = 运算表达式;

[返回变量列表]= 函数名 (输入变量列表).

注意变量名区分大小写. 我们不妨从定义一个简单的矩阵来说明如何用 MATLAB. 输入一个小矩阵的最简单方法是直接排列法. 矩阵用方括号括起, 元素之间用空格或逗号分隔, 矩阵行与行之间用分号分开. 例如, 输入

```
>> A=[1 2 3 ; 4 5 6 ; 7 8 0] % 定义 3 × 3 矩阵
```

然后回车, 系统会在屏幕 (命令窗口) 显示:

```
>> A =
1    2    3
4    5    6
7    8    0
```

这表示系统已经接收并处理了命令, 在当前工作区内建立了矩阵 A 并进行了赋值. 我们也可以双击工作区中的矩阵 A, 查看或者修改 A, 但工作区列表中列出的并不是系统全部的变量, 系统还有以下内部变量: 计算机最小正数 eps、圆周率 pi、无穷大 Inf、待定量 NaN、最近一步计算结果 ans 等.

在 MATLAB 编程的过程中, 某些特殊的向量或矩阵用 MATLAB 的内置命令来实现更为方便. 例如, 可按如下方式定义等差向量:

```
>> A = 0:1/5:1 % 定义 0-1 之间差为 0.2 的向量
>> who          % 检查工作空间的变量
>> whos         % 检查存于工作空间变量的详细资料
>> A =
0    0.2    0.4    0.6    0.8    1

Your variables are:
A
  Name        Size        Bytes        Class        Attributes
  A           1x6         48           double
```

其他一些常用的定义特殊矩阵的内置命令包括:

- zeros(m,n), 产生一个 m 行 n 列的零矩阵;
- sparse(m,n), 产生一个 m 行 n 列的稀疏矩阵;
- ones(m,n), 产生一个 m 行 n 列的元素全为 1 的矩阵;
- eye(m), 产生一个 m 阶的单位矩阵;
- speye(m), 产生一个 m 阶的单位稀疏矩阵;
- linspace(a,b,N), 用于产生 a, b 之间的 N 维行线性向量, 其分量形成等差数列.

值得注意的是, MATLAB 虽然在程序中可以不要求先定义矩阵的维度, 但提前使用 zeros 命令定义好矩阵的维度会大大提高程序的运行效率.

此外, MATLAB 内置了复数 (复矩阵) 的定义, 其使用方法和普通实数没有区别. 复数的赋值使用到虚数单位 i=sqrt(-1) 或 j=sqrt(-1). 注意, 在对复数赋值时, 虚部和 i 之间不要留有任何空间, 如 1+5i. 输入复数矩阵有两个方便的方法, 如下面的例子:

```
>> A=[1  2; 3  4] + i*[5  6; 7  8]
>> B=[1+5i  2+6i;  3+7i  4+8i]
A =
   1.0000 + 5.0000i    2.0000 + 6.0000i
   3.0000 + 7.0000i    4.0000 + 8.0000i
B =
   1.0000 + 5.0000i    2.0000 + 6.0000i
   3.0000 + 7.0000i    4.0000 + 8.0000i
```

两式具有相等的结果.

8.4　MATLAB 运算及语法

MATLAB 的数学运算以及语法规则和大多数的编程语言 (C/C++, Fortran 等) 类似, 下面我们详细介绍其用法.

8.4.1　基本运算

数的基本运算涉及加 "+"、减 "−"、乘 "*"、除 "/" 以及幂 "^" 等; 而矩阵的运算则包括加 "+"、减 " −"、普通矩阵乘法 "*"、相同位置对应相乘的点乘 ".*"、求逆 "inv" 以及幂 "^" 等. 运算的优先级则和其他科学计算语言中定义的一样, 先 "幂方" 再 "乘除"(求逆), 最后 "加减". 如下例:

```
a = 1+2*3^2-2/4^0.5                    % 数的运算
A = [1   2; 3   4]; B = [5   6; 7   8]; % 定义矩阵
C = A + inv(A)*B -A^2                   % 矩阵的运算
```

其运算的结果为

```
a =
    18
C =
    -9   -12
    -8   -13
```

在涉及大规模的矩阵求逆和乘法运算时, inv 的效率会大幅降低, 此时可以使用 MATLAB 内置算法 "右斜线" 来求解, 如 inv(A)*B 可以使用 A\B 来代替. 我们可以仍用上面示例来对比.

```
>> tic; A\B; toc      % tic toc 用于查看计算所用 CPU 时间
>> tic; inv(A)*B; toc
Elapsed time is 0.000030 seconds.
Elapsed time is 0.000045 seconds.
```

其他一些常用的矩阵运算还包括:

- norm, 范数;
- inv, 方阵的逆矩阵;
- rank, 秩;
- eig, 特征值和特征向量;
- expm, 指数运算;
- det, 行列式;
- size, 矩阵的阶数;
- trace, 迹;
- sqrtm, 开方运算;
- logm, 对数运算.

8.4.2 MATLAB 比较运算及逻辑运算

比较运算以及逻辑运算经常运用在循环语句的跳出判定中, 在程序的设计中有着非常重要的作用.

首先, 我们介绍 MATLAB 中的比较运算. 程序中常用的 6 种关系比较运算符有: 小于 "<", 小于等于 "<=", 大于 ">", 大于等于 ">=", 等于 "==" 以及不等于 "~=". 注意到其中 "==" 和 "="(赋值) 是两个不同的概念. 关系运算比较两个元素的大小, 结果是 "1" 表明为真, 结果是 "0" 则表明为假. 例如:

```
>> [ 4>5  4>=5  4<5  4<=5  4==5  4~=5 ] % 测试比较运算结果
ans =
     0     0     1     1     0     1
```

MATLAB 中 3 种逻辑运算为: 与 "&", 或 "|", 非 "~". "&" 和 "|" 逻辑运算符可比较两个数或两个同阶矩阵. 对于矩阵来说, 如果 A 和 B 都是 0-1 矩阵, 则 $A\&B$ 或 $A|B$ 也都是 0-1 矩阵, 这个 0-1 矩阵的元素是 A 和 B 对应位置元素之间逻辑运算的结果, 逻辑操作符认定任何不是 0 元素都为真, 给出 "1", 零元素都为假, 给出 "0". 非 (或逻辑非) 是一元操作符, 即 $\sim A$: 当 A 是非零时, 结果为 "0"; 反之当 A 为 "0" 时, 结果为 "1", 如下例:

```
>> [ 0&1  0|2  ~4  ~0 ]          % 测试不同条件的逻辑运算
ans =
     0     1     0     1
```

```
>> [ 1 0; 0 1]&[ 2 1; 0 1 ]     % 测试矩阵的逻辑运算
ans =
     1     0
     0     1
```

8.4.3 MATLAB 程序控制语句

MATLAB 中的程序控制语句包括: if 条件语句, for 循环, while 循环以及 switch 选择语句等.

if 条件语句常用来执行某条件下的运算, 其使用格式如下:

if 表达式

  执行体 1;

else

执行体 2;

　end

即在表达式的逻辑判断下为真时, 执行 if 条件语句中的执行体 1; 否则执行语句中的执行体 2. 执行结束并跳转到 end 下一行命令. 例如, 我们可以使用此条件语句来求两个数中的最大值. 例如:

```
>> a=5; b=4;      % 定义两个互异的实数
  if a>=b
      max = a; % 如果 a 大执行此步
  else
      max = b; % 如果 b 大执行此步
  end
>> max           % 查看运行结果
max =
    5
```

　　for 循环则常用来执行一组命令以固定和预定的次数重复, 其使用格式如下:
　　for　循环变量 = 起始值: 步长: 终止值

　　　　循环体;

　　end

即循环变量从起始值开始执行循环体, 每次执行循环体后循环变量会加上步长, 直到循环变量大于终止值时跳出循环, 并执行 end 后面的命令. 例如, 我们可以使用 for 循环用来求解 $1 + 2 + \cdots + 100$ 的值, 其 MATLAB 命令如下:

```
>> sum = 0;          % 赋值初始值
  for i=1:1:100
      sum = sum+i; % 连加语句
  end
>>sum               % 查看运行结果
sum =
      5050
```

　　与 for 循环以固定次数求一组命令的值相反, While 循环以不定的次数求一组命令的值, 其使用格式如下:
　　while　表达式

　　　　循环体;

　　end

从中国传统数学算法谈起

程序运行到 while 循环时, 会判断表达式是否为真, 若为真则运行循环体, 然后继续判断表达式是否为真, 直到表达式逻辑判断为假跳出循环, 并跳转到 end 下一行命令. 例如, 我们可以使用 while 循环求解 $1 + 2 + \cdots + n < 1000$ 的最大正整数 n, 其 MATLAB 命令如下:

```
>> sum = 0;          % 赋值初始值
   n = 0;            % 赋值初始值
   while sum<1000    % 判断语句
       n = n+1;      % 递增变量
       sum = sum+n;  % 求和
   end
>> n-1               % 显示结果
ans =
    44
```

switch 选择语句可以有条件地执行一组满足选项条件所涵盖的一个 case 语句, 其使用格式如下:

switch 表达式

case 值 1

执行体 1;

case 值 2

执行体 2;

······

case 值 N

执行体 N;

end

即当表达式为某一 "值" 时, 则执行这一 "值" 对应的执行体语句并跳出 switch 选择语句; 如果表达式的值并不在 "值" 的选项中, 直接跳出选择语句. 例如, 我们可以使用 switch 语句并根据成绩数据判断且给出相应的评语, 其 MATLAB 命令如下:

```
>> grade = 'B';
   switch(grade)
   case 'A'
      fprintf('Excellent!');
   case 'B'
       fprintf('You passed');
```

```
    case 'C'
        fprintf('Better try again');
    end

You passed
```

以上的示例均是独立出现各个程序控制语句, 而在实际的 MATLAB 程序设计中, 经常需要将各种类型的循环、判断等语句相互嵌套使用. 某些程序中会使用到另一种 break 命令, 既运行到此步立即跳出一层当前的循环语句. 我们使用循环及条件语句嵌套例子来演示估算 MATLAB 机器精度 EPS 的一种方法. 使用 for 循环确保命令执行足够多的次数, 使用 if 条件语句结构检验 EPS 是否变得足够小, 如果是, EPS 乘 2, 得到所要的值, 并使用 break 命令强迫跳出 for 循环. 其 MATLAB 命令如下:

```
>>EPS=1.0;
  for num=1:1000        % 给出循环最大次数
      EPS=EPS/2;        % 取数的一半
      if (1+EPS)<=1      % 判断是否小于机器精度 (溢出为负数)
          EPS=EPS*2;     % 得到 EPS 的值
          break          % 跳出
      end
  end
>> EPS                   % 显示 EPS 的值
EPS =
    2.2204e-16
>> num                   % 显示执行循环语句的次数
num =
    53
```

8.5　MATLAB 的命令文件及函数文件

MATLAB 通常使用命令交互方式, 当单行命令输入时, MATLAB 立即处理并显示结果. 另一种形式是运行 m 文件, m 文件为存储在硬盘中的 ASCII 文本文件, 这些文件名的后缀名均是 .m 的形式. 这类文件又包含两种形式的文件, 一种是脚本命令文件, 另一种是函数文件, 我们可以选择文本编辑软件来建立和修改这些文件.

MATLAB 的脚本命令文件是一系列命令、语句的简单组合, 里面第一行不是以关键词 function 开头, 这种文件的运行方式就是在命令窗口里输入文件名回车即可 (前提是文件在系统当前路径), 其运行结果等同于将其文件内代码复制到窗口中并运行, 所有相关的变量均保存在工作区内. 例如在下面的示例中, 脚本命令文件 fibonnaci.m 用于计算 Fibonnaci 数列, 其 MATLAB 命令如下:

```
% 计算 Fibonnaci 数列百分号为注释不参与程序运行
f=[1, 1]; i = 1;          % 初始化数值
    while f(i)+f(i+1)<20   % 条件判断, 计算到小于 20
    f(i+2)=f(i)+f(i+1);    % 递推关系
    i=i+1;                 % 循环变量更新
end
f                         % 不加分号; 用以在窗口中显示
```

在命令窗口中输入 fibonnaci 并回车运行, 将显示所有小于 20 的 Fibonnaci 数.

```
>> fibonnaci
f =
    1    1    2    3    5    8    13
```

8.5.1 MATLAB 的函数文件

另一种 m 文件为函数文件, 它提供了 MATLAB 的外部函数, 其第一行为关键词 function, 比如说第一行为 function y = name(x) 样式的文件, 函数名需与文件名一致, 运行时在命令窗口里输入 y = name(x), 其中 x 是输入形参, 而 y 是输出形参. 当输出形参多于一个时, 需用方括号括起来, 如 [y1, y2] = name(x), 输入后回车即运行. 与脚本命令 m 文件不同的是, 函数文件运行后只有输出形参和输入形参会保存在工作区内, 而函数文件中所有的中间变量不会保存. 比如要生成一个 $n \times m$ 阶的 Hilbert 矩阵, 它的第 i 行第 j 列的元素值为 $1/(i+j-1)$, 我们可以先在 MATLAB 中新建名为 myhilb.m 函数文件如下:

```
function A=myhilb(n, m)
% 生成 Hilbert 矩阵函数,  n m 分别为矩阵的规模, 此处编写函数功能说明
A=zeros(n, m);            % 初始化矩阵
for i=1:n
    for j=1:m
        A(i,j)=1/(i+j-1);  % 对应矩阵赋值
    end
end
```

并将该函数文件保存在当前的 MATLAB 运行路径中, 然后在命令窗口中调用此函数, 如下所示:

```
>> HibMat =myhilb(3, 4)
>> HibMat =
1.0000 0.5000 0.3333 0.2500 0.5000 0.3333 0.2500 0.2000 0.3333
0.2500 0.2000 0.1667
>> HibMat =myhilb(4, 4)
>> HibMat =
1.0000 0.5000 0.3333 0.2500 0.5000 0.3333 0.2500 0.2000 0.3333
0.2500 0.2000 0.1667 0.2500 0.2000 0.1667 0.1429
```

8.6　MATLAB 中的图形显示

MATLAB 提供了一系列内置绘图函数, 具有强大而方便的绘图功能, 为实现图形显示, 只需要输入一些基本参数即可. 这也是该软件的最重要优势之一. 下面介绍绘制二维和三维图形的一些基本命令和用法.

8.6.1　二维图形

MATLAB 中的二维绘图命令有很多, 在这里我们重点介绍命令 plot 的用法. 如果 x, y 为两个等长的向量, 那么 plot(x,y) 绘制了一个 x-y 中元素对应的曲线图. 例如, 我们要绘制 $\sin(x)$ 在区间 $[0, 2\pi]$ 上的图形, 则可以利用 plot 命令来实现:

```
>> x = 0:2*pi/100:2*pi;    % x坐标等距离离散点
   y = sin(x);             % y坐标对应 sin(x) 值的离散点
   plot(x,y);              % 绘图
   axis equal;            % x-y轴无比例伸缩
```

即可得到图形, 如图 8.1 所示.

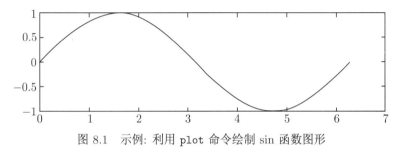

图 8.1　示例: 利用 plot 命令绘制 sin 函数图形

从中国传统数学算法谈起

该图形没有加上 x 轴和 y 轴的标注, 同时也没有标题. 我们可以用 xlabel, ylabel, title 等命令加上这些信息, 如仍用上面的示例, 则程序修改为

```
>> x = 0:2*pi/100:2*pi;   % x坐标等距离散点
   y = sin(x);            % y坐标对应 sin(x) 值的离散点
   plot(x,y);             % 绘图
   grid on                % 绘制网格（默认虚线）
   title('y=sin(x)')          % 图形的标题
   xlabel('x = 0:2*pi/100:2*pi')   % x坐标的标签
   ylabel('sin')                   % y坐标的标签
```

即可得到图形, 如图 8.2 所示.

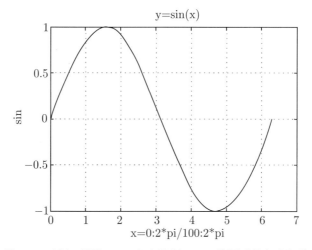

图 8.2 示例: 利用 plot 命令绘制 sin 函数图形并加上标签

上面介绍的是如何在一个图上绘出一个曲线图, 但我们经常要在一个图形中绘制多个曲线进行直观比较. 此时, 有两种方法来实现这个要求.

第一种方法是利用 plot 的多变量方式绘制: plot(x1,y1,x2,y2,x3,y3), 其中 x1,y1,x2,y2,x3,y3 是成对的向量, 每一对 x,y 在图上产生一个对应图形. 多变量方式绘图允许不同长度的向量显示在同一图形上.

第二种方法仍然是利用 plot 绘制, 但需要加上 hold on/off 命令来配合, 参见如下示例:

```
>> plot(x1,y1)
   hold on
   plot(x2,y2)
```

```
hold off
```

在一个图形中要显示多个曲线时, 我们经常需要以不同的颜色、线段类型或者不同的标示用以区分. 如果不指定划线方式和颜色, MATLAB 会自动为用户选择点的表示方式及颜色. 我们也可以用不同的图示选项来指定不同的曲线绘制方式, 这些选项包括:

- 线段类型: $-$(实线), :(虚线), .$-$(点划线), $--$(间断线)
- 颜色类型: y(黄), m(洋红), c(青), r(红), g(绿), b(蓝), w(白), k(黑)
- 标记类型: .(点), o(圆圈), x(叉), $+$(加), $*$(星号), s(方格), d(菱行), $\wedge$(上三角), v(下三角), $<$(左三角), $>$(右三角), p(五角星), h(六角形)

不同的线型、不同的颜色类型与不同的标记类型可以联立使用, 即同时指定曲线的颜色、线型和标示.

例如, 我们需要绘出区间 $[0, 2*\pi]$ 上的 $\sin(0.5x)$, $\sin(x)$, $\sin(2x)$ 以及 $\sin(4x)$, 我们用不同的颜色、不同的标示与不同的线型绘画出这三个函数曲线, 相应的命令如下:

```
>> x = 0:2*pi/50:2*pi; % x坐标等距离散点
   y1 = sin(0.5*x);    % y坐标对应 sin(0.5x) 值的离散点
   y2 = sin(x);        % y坐标对应 sin(x) 值的离散点
   y3 = sin(2*x);      % y坐标对应 sin(2x) 值的离散点
   y4 = sin(4*x);      % y坐标对应 sin(4x) 值的离散点
   plot(x,y1,'-b.');              % 绘图
   hold on;
   plot(x,y2,':ro');              % 绘图
   plot(x,y3,'-.k^');             % 绘图
   plot(x,y4,'--g*');             % 绘图
   axis equal;                    % x-y轴无比例伸缩
   title('Plot Comparison')           % 图形的标题
   xlabel('x = 0:2*pi/50:2*pi')       % x坐标的标签
   ylabel('Value')                    % y坐标的标签
   legend('sin(0.5x)','sin(x)','sin(2x)','sin(4x)')
                                  % 各个线段的标签
   hold off;
```

即可得到图形, 如图 8.3 所示.

在绘图时, 我们经常要把几个图形在同一个图形窗口中表现出来, 而不是简单地叠加, 像图 8.3 所示的那样. 这时就需要用到函数 `subplot`, 其调用格式为

subplot(m,n,p).

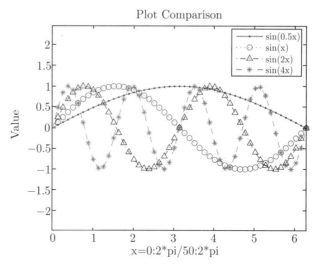

图 8.3 示例: 利用 plot 命令绘制多个函数曲线并以不同颜色、线型等区分

subplot(m,n,p) 函数把一个图形窗口分割成 $m \times n$ 个子绘图区域, 每个子绘图区域对应的图形句柄编号 p 是按行从左至右、按列从上到下依序来确定的. 比如我们将上例 (图 8.3) 中的四条曲线线段画在四个不同的子图中, 其 MATLAB 命令如下:

```
>> subplot(2,2,1)
   plot(x,y1,'-b.');              % 绘图
   legend('sin(0.5x)');
   subplot(2,2,2)
   plot(x,y2,':ro');              % 绘图
   legend('sin(x)');
   subplot(2,2,3)
   plot(x,y3,'-.k^');             % 绘图
   legend('sin(2x)');
   subplot(2,2,4)
   plot(x,y4,'--g*');             % 绘图
   legend('sin(4x)');
```

运行得到图形, 如图 8.4 所示.

另外, 我们还可以利用 MATLAB 命令 ezplot 绘制出由隐函数确定的图形. 例如, 我们想在 $-2\pi < x < 2\pi$ 范围内画函数 $f(x,y) = x^3 + 2x^2 - 3x + 5 - y^2 = 0$ 对应的图形, 其 MATLAB 命令如下:

```
>> ezplot('x^3 + 2*x^2 - 3*x + 5 - y^2')
```

得到的图形如图 8.5 所示.

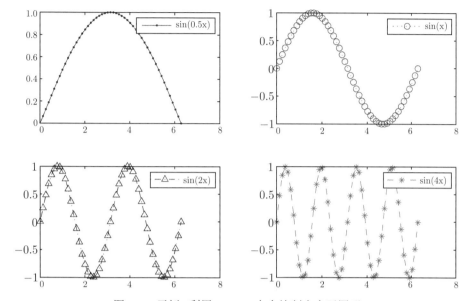

图 8.4　示例: 利用subplot命令绘制多个子图形

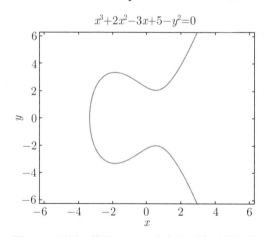

图 8.5　示例: 利用 ezplot 命令绘制隐函数图像

8.6.2　三维图形

首先, 我们介绍三维曲线绘图函数 plot3(Z), 它可绘制三维空间中的曲线. 例如, 我们可以绘制参数方程为 $x = \sin(t)$, $y = \cos(t)$, $z = t$ 的螺旋线, 其 MATLAB 命令如下:

```
>> t = 0:0.1:4*pi;
   x = sin(t);
   y = cos(t);
   z = t;
   plot3(x,y,z)
   title('plot3')
   grid on
```

得到的图形如图 8.6 所示.

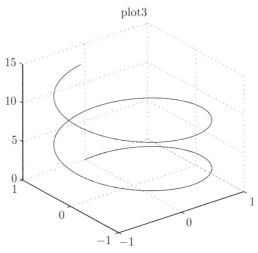

图 8.6　示例: 利用 plot3 命令绘制三维螺旋线

　　然后, 我们介绍三维曲面绘图函数 mesh(Z), 该语句可以给出矩阵 Z 元素的三维图, 其网格表面由 Z 坐标点定义, 与前面叙述的 x-y 平面的线格相同, 图形由邻近的点做线性插值而成. 它可用来显示用其他方式难以输出的包含大量数据的大型矩阵, 也可用来绘制 Z 变量函数. 为显示函数 $Z = f(x,y)$ 相应的曲面图形, 第一步需产生特定的行和列的 x-y 矩阵. 然后计算函数在各网格点上的值, 最后用 mesh 函数输出. 下面我们示例绘制 $\sin(r)/r$ 函数的图形, 建立图形的 MATLAB 命令如下:

```
>> x=-8:.5:8;              % x定义
   y=x';                   % y定义
   x=ones(size(y))*x;
   y=y*ones(size(y))';
   R=sqrt(x.^2+y.^2)+eps;  % 定义径向
   z=sin(R)./R;            % 定义曲面
   mesh(x,y,z)
```

得到的图形如图 8.7 所示.

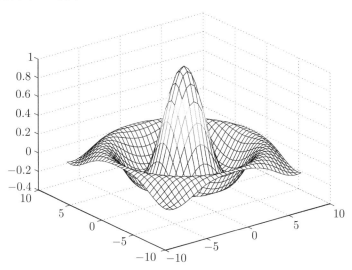

图 8.7　示例: 利用 mesh 命令绘制三维曲面图像

　　另外, MATLAB 中三维绘图函数还有 meshc, surf 以及 meshz 等. meshc 在 mesh 函数的基础上又增加了绘制相应等高线的功能; surf 函数则绘出完整的曲面图形; meshz 函数与 meshc 以及 mesh 的调用方式相同, 不同的是该函数在 mesh 函数的作用之上增加了屏蔽效果, 即增加了边界面屏蔽. 我们可以通过图 8.7 中的简例, 在 4 个子图中绘出图示对比, 其 MATLAB 命令如下:

```
>> subplot(2,2,1)
   mesh(x,y,z);
   title('Mesh Function');
   subplot(2,2,2)
   surf(x,y,z);
   title('Surf Function');
   subplot(2,2,3)
   meshc(x,y,z);
   title('Meshc Function');
   subplot(2,2,4)
   meshz(x,y,z);
   title('Meshz Function');
```

得到的图形如图 8.8 所示.

从中国传统数学算法谈起

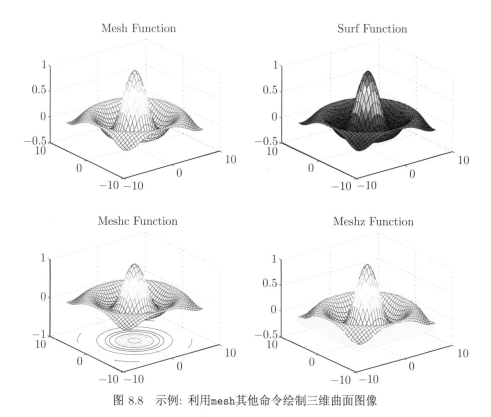

图 8.8 示例: 利用mesh其他命令绘制三维曲面图像

8.6.3 使用 MATLAB 实现中国传统数学算法

在本书中, 我们主要是要求读者能使用我们已经编好的 MATLAB 程序进行算法计算. 我们以何承天算法为例来说明如何执行相应的程序. 假设我们用文本编辑器已编辑好了以下文本, 并把它存储为文件名为 HCT.m 的文件中 (文件名中的字母不区分大小写):

```
function H=HCT(frac1,frac2,exact) p=[];q=[];H=[]; p(1,:)=frac1;
q(1,:)=frac2; err=q(1,1)/q(1,2)-p(1,1)/p(1,2); i=1; tol=10^-4;
while err>tol
    r=p(i,1)+q(i,1);
    s=p(i,2)+q(i,2);
    if r/s>exact
        p(i+1,:)=p(i,:);
        q(i+1,:)=[r,s];
    else
        p(i+1,:)=[r,s];
```

```
        q(i+1,:)=q(i,:);
    end
    H(i,:)=[r s];
    err=q(i+1,1)/q(i+1,2)-p(i+1,1)/p(i+1,2);
    i=i+1;
end
```

然后我们把这个文件存储在 MATLAB 文件所在子目录/work 中. 这样, 我们就为运行这个程序做好准备了. 现在来得到 $\sqrt{3}$ 的分数表示. 由于 $1/1 < \sqrt{3} < 2/1$, 我们可取弱率为 $1/1$, 而强率为 $2/1$. 此时在系统提示符 ">>" 后, 输入命令:

```
>>frac1=[1 1];
>>frac2=[2 1];
>>HCT(frac1,frac2,sqrt(3))
```

即可得如下列数为 2 的矩阵, 每一行分别表示一个分数, 第一个数是分子而第二个数是分母:

```
ans =
     3     2
     5     3
     7     4
    12     7
    19    11
    26    15
    45    26
    71    41
    97    56
   168    97
   265   153
   362   209
```

根据程序的设计要求, 上面最后一个分数 $\dfrac{362}{209}$ 和 $\sqrt{3}$ 的误差不超过 10^{-4}. 如果运行命令:

```
>>362/209-sqrt(3)
```

可得结果:

```
ans =
  6.6087e-006
```

说明用 $\dfrac{362}{209}$ 逼近 $\sqrt{3}$ 的绝对误差实际上是 6.6087×10^{-6}, 不超过 10^{-5}. 由此可见何承天算法的有效性.

读者如果对 MATLAB 编程有更大的兴趣, 可参见文献 [1], 此处就不再展开讲解了.

参考文献

[1] 王沫然. MATLAB 与科学计算, 3 版 [M]. 北京: 电子工业出版社, 2012.